兰州大学教材建设基金资助

计算力学
数值实验与设计

JISUAN LIXUE SHUZHI SHIYAN YU SHEJI

谢 莉 蒋一萱 王省哲 编著

兰州大学出版社

LANZHOU UNIVERSITY PRESS

图书在版编目（CIP）数据

计算力学数值实验与设计 / 谢莉，蒋一萱，王省哲编著. -- 兰州 ：兰州大学出版社，2024. 11. -- ISBN 978-7-311-06733-5

Ⅰ. O302

中国国家版本馆 CIP 数据核字第 2024BV0863 号

责任编辑　张　萍
封面设计　程潇慧

书　　名　计算力学数值实验与设计
作　　者　谢 莉　蒋一萱　王省哲　编著
出版发行　兰州大学出版社　（地址：兰州市天水南路222号　730000）
电　　话　0931-8912613(总编办公室)　0931-8617156(营销中心)
网　　址　http://press.lzu.edu.cn
电子信箱　press@lzu.edu.cn
印　　刷　兰州银声印务有限公司
开　　本　787 mm×1092 mm　1/16
成品尺寸　185 mm×260 mm
印　　张　10.5
字　　数　256千
版　　次　2024年11月第1版
印　　次　2024年11月第1次印刷
书　　号　ISBN 978-7-311-06733-5
定　　价　56.00元

目　录

第1章 绪 论

1.1 计算力学基本方法

计算力学是一门新兴的交叉学科，其基于力学中的相关理论与方法，利用现代电子计算机和各种数值方法解决力学中的复杂问题和工程实际难题。这一学科涵盖了力学、计算科学、计算数学等多个领域。计算力学的发展源于对传统力学方法的补充和拓展，计算力学充分利用现代数字模拟和计算技术，使人们能够更全面、准确地分析和解决实际工程中的挑战性问题。

钱学森先生指出："今日的力学要充分利用计算机和现代计算技术去回答一切宏观的实际科学技术问题，计算方法非常重要……"可见，计算力学对于解决越来越多的大量复杂问题、科学技术问题、工程问题的重要性，其已成为当前众多科学和工程领域中的重要范式与强大工具。钱令希院士也指出：计算力学有很大的能动作用，它拓展了设计分析的领域，成为力学通向工程应用的桥梁；它极大地增强了力学研究的手段，发现了许多未知的现象，对力学理论体系产生了深刻的影响。随着现代大型、复杂结构和工程实际问题分析的需要，以及海量计算和大数据科学的发展，各种工程设计、性能评价和运行稳定性评估等都有赖于计算模拟和仿真、数据分析指导与决策，基于计算思维方式，运用计算力学方法认识和解决问题尤其重要。

据统计，目前国内外的力学科学研究中，有70%～80%的研究涉及力学问题的数值计算。计算力学已成为众多高等院校相关专业学生的必修课程和必备技能。一些国内外高等院校的力学、土木工程、机械工程以及航空航天等相关专业开设了与计算力学相关的课程。例如，美国麻省理工学院一直走在计算机科学和工程领域的前沿，其开设的计算力学相关课程备受瞩目。加州理工大学在计算力学方面的研究和人才培养也是很具影响力的。斯坦福大学为机械工程专业本科生开设了计算力学导论课程。在国内，清华大学、北京大学、中国科学技术大学、西安交通大学、兰州大学等众多高校纷纷为本科生开设了计算力学类课程，这些课程是计算基础和计算能力培养的必修内容，旨在培养学生对力学问题进行数值计算的能力，以适应日益复杂的工程实践和科学挑战。

求解力学问题的数值方法有很多，经典的方法如有限差分法、有限单元法等。已出版的各类计算力学类教材，大多数以有限单元法为主，主要内容包含从有限单元法建立的数学原理到有限单元法求解力学问题的步骤、实施办法以及求解实际力学问题的应用等。也有少量汇集了多种计算力学方法的教材，涵盖了有限差分法、加权残值法、变分法近似、有限单元法以及边界元法等常用方法。这些基本方法使得计算力学成为解决复杂问题的有力工具，不仅在学术研究中得到广泛应用，在工程实践中也发挥着关键作用。

1.2   计算力学数值实验

数值解算力学问题，计算思维是必备的基本能力之一。计算思维涵盖了运用计算数学、计算机科学的基础理论与知识进行问题求解、系统设计等一系列思维活动。教育部高等学校力学教学指导委员会在制定力学发展规划时，充分认识到计算技能培养对学生的重要性，建议加强力学专业学生计算力学思维的培养和计算力学方法的学习。

正所谓"纸上得来终觉浅，绝知此事要躬行"。初学者仅凭借学习基本原理和方法等相关内容，不足以达到对计算思维和技能的培养。我们需注重学以致用，要通过实际操作训练将计算力学方法应用于求解力学问题，及时用计算力学方法对力学问题进行数值仿真和实践，开展计算力学数值实验。

何谓计算力学数值实验？计算力学数值实验就是利用计算机对科学问题和工程问题对应的数学模型进行数值解算，从而进行虚拟实验，以获得对问题的全面理解。计算力学数值实验包括力学课题的选择、力学模型的建立、数值模型的转换、程序代码的编写或软件的应用、数值解算的过程以及数值结果的评估与应用等多个关键过程。

具体而言，计算力学数值实验包含以下主要过程：

（1）选取课题：选择合适的计算力学课题，确保问题具有实际性和挑战性。

（2）建立物理或力学模型：根据具体课题，建立相应的物理或力学模型。有些课题可以使用现有的力学理论模型，而有些课题可能需要根据基本的物理和力学定律建立新的理论模型。最终目标是将实际问题描述抽象为数学形式的表达。

（3）建立离散化模型：利用计算力学方法将理论模型离散化，将其转换为数值模型。这涉及将连续的理论模型转化为适合计算机处理的离散数值计算模型。离散化的数值模型通常是代数方程组，包含网格节点、节点自由度、物理与力学参数、材料属性等信息。

（4）编写程序代码或应用软件：编写程序代码或学习现有的数值计算软件，将离散后的数值模型转化为计算机可执行的程序语言。这可能涉及使用计算机语言，如FORTRAN语言、C语言，或者利用现代模块化软件，如MATLAB、COMSOL等。

（5）数值求解过程：在相应的数值仿真平台调试和运行程序代码，或者利用商用软件的交互界面进行几何建模和求解计算。这一阶段旨在获取问题的数值结果。

（6）数值结果的评估和判断：对数值结果进行评估和判断，包括与理论结果的比较、误差分析，以确定数值计算结果的精确性和可靠性。

（7）数值结果的应用：将数值解算的结果通过力学量之间的关系进行数值运算，得到其他力学量的数值结果。例如，通过位移数值结果进行微分数值运算，从而获得应变数值结果等。

这样便完成了针对一个力学问题的数值解算过程，实现了数值仿真实验。

通过计算力学数值实验的训练，初学者能更好地理解和掌握计算力学方法的原理和实现过程，可保证初学者对相关方法的学习效果。然而，在完成实际问题的数值计算的实际操作过程中，会涉及诸多数学、力学以及计算机语言、计算软件等知识。不仅如此，计算力学课题选择也是一件很困难的事情。题目过于简单，可能无法激发初学者的学习热情；题目过于复杂，初学者可能在短时间内难以完成。这些问题一定程度上制约了初学者有效掌握各类计算力学方法。因此，在培养初学者计算力学技能方面，我们需要寻找既能激发初学者学习兴趣又具有一定挑战性的计算力学课题，使其在实践中逐步掌握关键的计算力学知识和技能。

1.3 本书的主要内容

在利用计算力学方法解决大量、复杂的工程实际问题时，需要采用不同的计算方法对具有不同几何特征、载荷范围和变形模式的问题进行数值计算，这样才能根据各种计算力学方法的优缺点，达到高效率、高精度地获得问题解答的数值解。同理，对于初学者而言，在计算力学数值求解能力培养过程中，掌握不同的计算力学方法对于全面训练其计算思维能力，选择合适方法对于事半功倍地获得问题的解答，也是尤为重要的。

兰州大学王省哲教授编写的《计算力学》教材，综合介绍了目前使用范围较广的多种计算力学方法，叙述简练，内容全面。首先，介绍了有限差分法这一经典方法，用该方法求解力学问题直观明了，易学易用，其是培养学生力学问题数值求解思维的入门方法；然后，以加权残值法印证了求解力学问题的半解析解法，以变分原理和变分法近似导出了加权残值法的数学原理；最后，在变分法近似的基础上介绍了有限单元法，该方法理论严谨，可以模块化表述，是目前常用的大型软件的基本方法之一。该教材遵循由浅入深、循序渐进的原则，逐步引导学生建立力学问题的数值求解思维。

为了使学习者熟练掌握各类主流计算力学方法，提升数值仿真能力，我们基于《计算力学》的内容，编写了配套的计算力学方法数值实验的上机指导手册——《计算力学数值实验与设计》。

本书首先介绍了在数值仿真和实验中主要采用的编程平台——MATLAB，包括MATLAB编程语言的特点及主要功能、语言规则及其程序设计、矩阵运算和方程求解和绘图等内容。接着，结合数值计算中普遍面临的数值计算结果评估，介绍了数值计算误差来源、误差估计、提高数值结果精度的方法、数值结果的评估方法等基本理论。然后，介绍了主要计算力学方法应用的仿真实验，包括有限差分法、加权残值法、变分法近似以及有限单元法等数值求解力学问题的主要过程和步骤，并为每种方法设计了3～4个典型实际力学问题的数值实验案例。针对每个案例，本书较为详细地给出了利用计算力学方法数值求解的过程，包括力学建模、应用计算力学方法求解、结果分析与讨论以及程序代码或使用软件的步骤等。同时，针对每一种计算力学方法在求解实际力学问题中可能遇到的问题和注意事项进行了分析和阐述。

　　为了阐述不同计算力学方法的优缺点，本书特采用不同计算力学方法对同一问题（如地基梁弯曲问题）进行数值求解，比较其求解过程和求解结果，以加深学生对不同计算力学方法的理解和掌握。

　　为了说明选择哪种计算力学方法求解力学问题更合适，本书针对每种计算力学方法都设计了实验案例，如针对加权残值法设计了杆振动问题等。

　　为了培养和提高学生求解力学问题的应用能力，本书还设置了十分新颖、便于初学者使用的实验课题，如利用有限差分法计算"沙粒在风中的运动轨迹"的问题。该问题既是一个贴近生活的力学问题，也是风沙运动研究中最基本的科学问题之一。

　　此外，很多工程实际问题，尤其是安全问题，都与力学分析息息相关，如结构安全设计、承载力评估等。因此，还针对近年来短时集中降雪导致的建筑物垮塌事故中结构的承载力问题，设计了薄板弯曲问题的数值求解，旨在通过实际问题的数值仿真与实验，让学生更好地理解和应用计算力学方法解决实际工程问题。

第2章　数值实验平台简介——MATLAB

应用计算力学方法数值求解力学问题，离不开利用计算机语言编写程序代码或者应用力学计算软件进行计算。因此，掌握一门计算机语言，如FORTRAN、C++以及MATLAB等，对于力学问题数值计算非常必要。MATLAB是一种简单易用、功能强大的高效编程语言，本书后续利用计算力学方法数值求解力学问题的案例均在MATLAB平台上进行。下面对MATLAB的主要特点及功能、语言规则和程序设计、矩阵运算和方程组求解以及绘图进行简要介绍。

2.1　MATLAB编程平台概述

20世纪70年代中期，Cleve Moler等在美国国家科学基金会的资助下开发了调用EISPACK和LINPACK的FORTRAN子程序库。EISPACK是求解特征值的程序库，LINPACK是求解线性方程的程序库。20世纪70年代后期，Cleve Moler给这个调用程度库的接口程序取名为MATLAB，MATLAB是Matrix和Laboratory的组合。在很多大学，MATLAB被作为教学辅助工具使用。

一种语言能迅速地普及，显示出旺盛的生命力，是由于它有着不同于其他语言的特点。被称为第四代计算机语言的MATLAB，利用其丰富的函数资源，把编程人员从烦琐的程序代码编写中解放出来。MATLAB代码更符合人们的思维习惯，给用户带来的是更直观、更简洁的程序开发环境。

MATLAB的基本数据单位是矩阵，它的指令表达式与数学、工程中常用的形式十分相似，故用MATLAB来解算相同的问题要比用C、FORTRAN等语言更简捷，并且MATLAB吸收了MAPLE等软件的优点，使其功能更强大。MATLAB中还加入了对C、FORTRAN、C++、JAVA语言的支持。用户也可以将自己编写的程序导入MATLAB函数库中，以方便调用。此外，许多MATLAB爱好者编写的一些经典程序，用户可以直接下载使用。

MATLAB主要适用于科学计算、数据可视化以及交互式程序设计等。它将数值分析、矩阵计算、科学数据可视化以及非线性动态系统的建模和仿真等诸多强大功能集成在一个易于使用的视窗环境中，为科学研究、工程设计以及必须进行有效数值计算的众多科学领域提供了一个全面的解决方案，并在很大程度上摆脱了传统非交互式程序设计语言（如C、FORTRAN）的编辑模式，代表了当今国际科学计算软件的先进水平，广泛应用于科学计算、工程计算等领域。

2.2 MATLAB 的主要功能

MATLAB 既是一种编程语言，也是一款软件。点击 Matlab.exe 文件，启动 MATLAB 软件，桌面会显示如图 2.1 所示的窗口界面。界面包括菜单栏、工具栏、文件编辑窗口、命令窗口、历史命令窗口、工作空间以及 Start 菜单等。

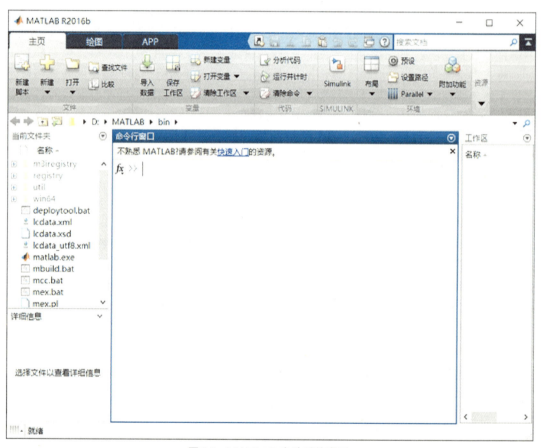

图 2.1 MATLAB 启动后的窗口

菜单栏包含各种菜单命令，如 File（文件）菜单、Windows（窗口）菜单、Edit（编辑）菜单、Help（帮助）菜单、桌面菜单和 Debug（调试）菜单等。工具栏包含一些常用的操作命令，如打开文件、保存等命令。文件编辑窗口可以编辑文件，如编辑程序代码。命令窗口有个命令光标，在命令光标处可以实施操作，如实时编辑程序、打开程序、查询等，甚至可以在命令窗口中编写简单的程序并直接运行而得到结果。历史命令窗口显示了用户在命令窗口的所有操作，通过历史命令窗口可查询用户的历史操作。工作空间是 MATLAB 存储变量的地方。点开 Start 菜单可以进入 MATLAB 的其他模块，如 SIMULINK 模块、STATEFLOW 模块等。

2.2.1　File 菜单功能

File 菜单功能见表 2.1。

表 2.1　File 菜单功能

下拉菜单		功能
New	m-file	新建一个 m 文件，打开 m 文件编辑/调试器
	Figure	新建一个图形窗口
	Model	新建一个仿真模型
	GUI	新建一个图形用户设计界面(GUI)
Open		打开已有文件
Close Command History		关闭历史命令窗口
Import Data		导入其他文件的数据
Save Workspace as		使用二进制的 MATLAB 文件保存工作空间的内容
Page Setup		页面设置
Set Path		设置搜索路径等
Preferences		设置 MATLAB 工作环境外观和操作的相关属性等参数
Print		打印
Print Selection		打印所选区域
Exit MATLAB		退出 MATLAB

MATLAB 的可执行文件为 m 文件。有关 m 文件创建、编辑或调试的方法：

（1）用鼠标单击 MATLAB 界面上的新建图标，或者单击菜单"File"→"New"→"m-file"，可打开空白的 m 文件编辑器。

（2）用鼠标单击 MATLAB 界面上的打开图标，或者单击菜单"File"→"Open"，在打开的"Open"对话框中填写所选文件名，单击"打开"按钮，就可出现相应的 m 文件编辑器。

（3）用鼠标双击当前目录窗口中的 m 文件（扩展名为 .m），可直接打开相应文件的 m 文件编辑器。

图 2.2 显示打开了一个 m 文件，文件命名为"Ex0101.m"，可在该窗口中对文件进行编辑或调试。

图 2.2　m 文件编辑或调试窗口

2.2.2 命令窗口中常用的操作键

表2.2是命令窗口中常用的操作键，表2.3是命令窗口中标点符号的功能，其中标点符号的功能与文件编辑窗口中的功能相同。

表2.2 命令窗口中常用的操作键

键名	作用	键名	作用
↑	向前调回已输入过的命令行	Home	把光标移到当前行的开头
↓	向后调回已输入过的命令行	End	把光标移到当前行的末尾
←	在当前行中左移光标	Delete	删去光标右边的字符
→	在当前行中右移光标	Backspace	删去光标左边的字符
Page Up	向前翻阅当前窗口中的内容	Esc	清除当前行的全部内容
Page Down	向后翻阅当前窗口中的内容	Ctrl+C	中断MATLAB命令的运行

表2.3 命令窗口中标点符号的功能

名称	符号	功能
空格		用于输入变量之间的分隔符以及数组行元素之间的分隔符
逗号	,	用于要显示计算结果的命令之间的分隔符;用于输入变量之间的分隔符;用于数组行元素之间的分隔符
点号	.	用于数值中的小数点
分号	;	用于不显示计算结果命令行的结尾;用于不显示计算结果命令之间的分隔符;用于数组元素行之间的分隔符
冒号	:	用于生成一维数值数组,表示一维数组的全部元素或多维数组的某一维的全部元素,也可表示循环语句中指标的变化
百分号	%	用于注释其前面的语句,其后面的语句不执行
单引号	' '	用于括住字符串
圆括号	( )	用于引用数组元素;用于函数输入变量列表;用于确定算术运算的先后次序
方括号	[ ]	用于构成向量和矩阵;用于函数输出列表
花括号	{ }	用于构成元胞数组
下划线	_	用于一个变量、函数或文件名中的连字符
续行号	…	用于把后面的行与该行连接以构成一个较长的命令
"At"号	@	用于放在函数名前形成函数句柄;用于放在目录名前形成用户对象类目录

随着操作的增加，命令窗口会累积很多历史命令，也会增加很多记忆功能，包括已经运行程序的结果等。为了降低内存的占用量，同时也为了清理命令窗口，会经常用到以下两个命令：CLEAR——清理记忆；CLC——清理窗口命令。

2.2.3　常用命令

数值计算、程序编写以及结果分析等相关的操作、运算字符以及函数等见附录1。

2.3　MATLAB语言的规则及程序设计

MATLAB语言简洁紧凑，使用方便灵活，库函数极其丰富。MATLAB可利用其丰富的库函数避开繁杂的子程序编程任务，减少了很多编程工作。库函数都由该领域的专家编写，用户不必担心函数的可靠性。使用过FORTRAN和C等高级计算机语言的读者可能已经注意到，用FORTRAN或C语言编写程序，尤其当涉及矩阵运算和画图时，编程会很麻烦。例如，用户想求解一个线性代数方程，就得编写一个程序块读入数据，然后使用一种求解线性方程的算法编写一个程序块来求解方程，最后再输出计算结果。如果用FORTRAN语言来编写程序，至少需要上百行代码。以下是用MATLAB编写以上程序的具体过程。

用MATLAB求解下列方程，并求矩阵 A 的特征值以及 X 的值。

$$AX=B \tag{2.1}$$

其中，

$$A = \begin{bmatrix} 3 & 13 & 4 & 7 \\ 13 & 29 & 57 & 20 \\ 41 & 61 & 54 & 31 \\ 38 & 54 & 27 & 18 \end{bmatrix}, B = \begin{bmatrix} 2.1 \\ 5 \\ 89 \\ 34 \end{bmatrix}。$$

只需在MATLAB的命令行写代码：X=A\B，就可以求出 X 的值。若求矩阵 A 的特征向量，设 A 的特征值组成的向量为 e，在MATLAB命令窗口写：e=eig(A)，就可以求出 A 的特征值。可见，MATLAB的语言极其简洁。更为可贵的是，MATLAB甚至具有一定的智能水平，如上面的解方程，MATLAB会根据矩阵的特性选择合适的求解方法。

MATLAB提供了和C语言几乎一样多的运算符，灵活使用MATLAB运算符可使程序变得极为简短。MATLAB既具有结构化的控制语句（如for循环语句、while循环语句、break语句和if语句），又有面向对象编程的特性。

MATLAB语法限制不严格，程序设计自由度大。例如，在MATLAB里，用户无须对矩阵预定义就可使用。程序的可移植性很好，基本上不做修改就可以在各种型号的计算机和操作系统上运行。MATLAB的图形功能强大。在FORTRAN和C语言里，绘图都很不容易，但在MATLAB里，数据的可视化非常简单。MATLAB还具有较强的编辑图形的能力。

2.4　MATLAB矩阵运算

MATLAB软件以直观的语言式表达程序和强大的函数库见长。MATLAB的主要数据类型有数值类型、逻辑类型、字符串、函数句柄、结构体以及单元数组。使用MATLAB语言编写程序代码时，可以按照数学表达式书写，除了需要记忆上述的一些函数命令、运算符号等，在数值求解力学问题时，还要对数组或者矩阵进行一系列运算。接下来针对MATLAB中数组和矩阵命令、运算进行简要介绍。

2.4.1 MALTAB生成数组的常用方法

（1）生成一维数组，这种类型的数组也称行向量。如生成一个含有5个元素的一行数组，元素之间用逗号或者空格分开，如图2.3所示，生成一个1行5列的行向量。

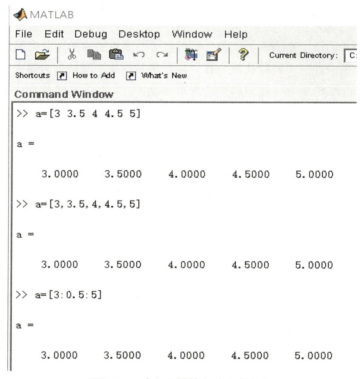

图2.3 一个行向量的多种生成方式

也可以按照某种规律生成数组，比如等差数列的行向量的生成，把首项、公差、末项依次写在中括号中，每个数之间用冒号间隔，如图2.3第七行所示，生成一个首项为3、公差为0.5、末项为5的行向量。

MATLAB的列向量可以通过行向量转置生成，因此想要生成一个列向量，可以先生成一个行向量，再对这个行向量转置，便可得到列向量。如图2.4所示，生成一个列向量。注意，这里的"′"表示转置，调用了MATLAB中对向量或者矩阵"转置"的子程序。

（2）生成二维数组，也就是通常所说的矩阵。可以通过手动的方式生成数组，数组每一行结束后，用英文分号隔开。当然，如（1）所述，每一行之间的元素可以用空格隔开，也可以用逗号隔开，可以用等差数生成向量等。如图2.5所示，生成了一个5×3的矩阵。

还可以通过赋值的形式生成矩阵。全下标方式：$a(i,j)=b(i,j)$，给a矩阵的部分元素赋值，则 *b* 矩阵的行列数必须等于 *a* 矩阵的行列数；单下标方式：*a*(*s*,:)=*b*，*b* 为向量，其元素个数必须等于 *a* 矩阵的相应列元素个数；全元素方式：*a*(:)=*b*，给 *a* 矩阵的所有元素赋值，则 *b* 矩阵的元素总数必须等于 *a* 矩阵的元素总数，行列数不一定要相等。

　　另外，MATLAB 中有很多生成矩阵的子程序，用户只需要利用 MATLAB 命令调用这些子程序即可。表 2.4 列出了 MATLAB 中常用的矩阵生成函数。

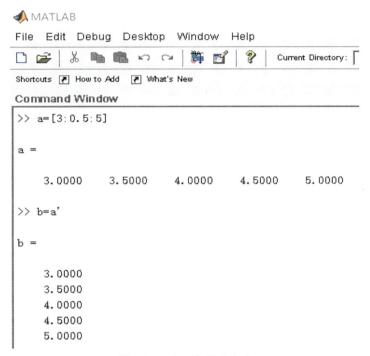

图 2.4　一个列向量的生成

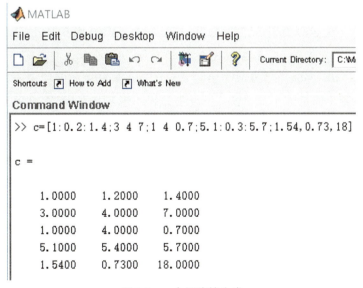

图 2.5　一个矩阵的生成

需要注意的是，当 zeros、ones、rand、randn 和 eye 函数只有一个参数 n 时，则为 $n×n$ 的方阵；当 eye(m，n) 函数的 m 和 n 参数不相等时，则单位矩阵会出现全 0 行或全 0 列。

表 2.4　矩阵生成函数

函数名	功能	示例	
		输入	结果
zeros(m,n)	产生 $m×n$ 的全 0 矩阵	zeros(2,3)	ans = 0　0　0 0　0　0
ones(m,n)	产生 $m×n$ 的全 1 矩阵	ones(2,3)	ans = 1　1　1 1　1　1
rand(m,n)	产生均匀分布的随机矩阵,元素取值范围为 0.0～1.0	rand(2,3)	ans = 0.9501 0.6068　0.8913 0.2311 0.4860　0.7621
randn(m,n)	产生正态分布的随机矩阵	randn(2,3)	ans = −0.4326 0.1253　−1.1465 −1.6656 0.2877　1.1909
magic(n)	产生 n 阶魔方矩阵(矩阵的行、列和对角线上元素的和相等)	magic(3)	ans = 8　1　6 3　5　7 4　9　2
eye(m,n)	产生 $m×n$ 的单位方阵	eye(3)	ans = 1　0　0 0　1　0 0　0　1
		eye(2,3)	ans= 1　0　0 0　1　0

2.4.2　矩阵的变换和运算

在科学计算中经常要研究矩阵中一些元素的性质，或者对矩阵进行一些行列变化，MATLAB 中也有相应的函数命令，如表 2.5 所示。

表 2.5　常用的矩阵变换函数

函数名	功能	示例			
		输入	结果		
triu(X)	产生 X 矩阵的上三角矩阵,其余元素补 0	triu(a)	ans = 1　2　0 0　4　0 0　0　9		
tril(X)	产生 X 矩阵的下三角矩阵,其余元素补 0	tril(a)	ans = 1　0　0 3　4　0 5　6　9		
flipud(X)	使矩阵 X 沿水平轴上下翻转	flipud(a)	ans = 5　6　9 3　4　0 1　2　0		
fliplr(X)	使矩阵 X 沿垂直轴左右翻转	fliplr(a)	ans = 0　2　1 0　4　3 9　6　5		
flipdim(X,dim)	使矩阵 X 沿特定轴翻转。 dim=1,按行维翻转; dim=2,按列维翻转	flipdim(a,1)	ans = 5　6　9 3　4　0 1　2　0		
rot90(X)	使矩阵 X 逆时针旋转 90°	rot90(a)	ans = 0　0　9 2　4　6 1　3　5		

另外,在科学计算中有大量的矩阵运算,下面简单介绍一下 MATLAB 中矩阵运算的注意事项和运算函数:

(1) 矩阵和数组的加、减运算,可以通过加减符号完成,如矩阵 A 与矩阵 B 的和,直接写成 "A+B",注意矩阵 A 和 B 必须大小相同才可以进行加减运算。如果 A、B 中有一个是标量,则该标量与矩阵的每个元素进行加法运算。

(2) 矩阵和数组的乘法运算,可以通过乘号完成。如 "A*B",矩阵 A 的列数必须等于矩阵 B 的行数,除非其中有一个是标量。数组的乘法运算符为 ".*",表示数组 A 和 B 中的对应元素相乘,数组 A 和 B 必须大小相同,除非其中有一个是标量。

(3) 矩阵和数组的除法,运算符为 "\" 和 "/",分别表示左除和右除。如 "A\B= A^{-1}*B","A/B=A* B^{-1}"。其中:A^{-1} 是矩阵 A 的逆,也可用 inv(A) 求逆矩阵。数组的除法运算表达式 "A.\B" 和 "A./B",分别为数组的左除和右除,表示数组相应元素相除,数组 A 和 B 必须大小相同,除非其中有一个是标量。

（4）在线性方程组 $A*X=B$ 中，$m \times n$ 阶矩阵 A 的行数 m 表示方程数，列数 n 表示未知数的个数。$n=m$，A 为方阵，"A\B=inv(A)*B"。

（5）矩阵和数组的乘方，矩阵乘方的运算表达式为 "A^B"，其中 A 可以是矩阵或标量。当 A 为矩阵，B 为标量时，则将 $A(i,j)$ 自乘 B 次；当 A 为矩阵，B 为矩阵时，A 和 B 数组必须大小相同，则将 $A(i,j)$ 自乘 $B(i,j)$ 次；当 A 为标量，B 为矩阵时，"A^B(i,j)" 将构成新矩阵的第 i 行第 j 列元素。数组乘方的运算表达式为 "A.^B"。

表2.6是常用的矩阵运算函数命令。

表2.6　常用矩阵运算函数

函数名	功能	示例	
		输入	结果
det(X)	计算方阵行列式	det(a)	ans = 0
rank(X)	求矩阵的秩，得出行列式不为零的最大方阵边长	rank(a)	ans = 2
inv(X)	求矩阵的逆矩阵，当方阵 X 的 $\det(X)$ 不等于零，逆矩阵 X^{-1} 才存在。X 与 X^{-1} 相乘为单位矩阵	inv(a)	矩阵接近奇异（Warning: Matrix is close to singular or badly scaled） 结果可能不准确，条件数倒数为 $1.541976e^{-018}$（Results may be inaccurate. RCOND = $1.541976e^{-018}$） ans = 1.0e+016 * −0.4504 0.9007 −0.4504 0.9007 −1.8014 0.9007 −0.4504 0.9007 −0.4504
[v,d]=eig(X)	计算矩阵特征值和特征向量。如果方程 $Xv=vd$ 存在非零解，则 v 为特征向量，d 为特征值	[v,d]=eig(a)	v = −0.2320 −0.7858 0.4082 −0.5253 −0.0868 −0.8165 −0.8187 0.6123 0.4082 d = 16.1168 0 0 0 −1.1168 0 0 0 −0.0000
diag(X)	产生 X 矩阵的对角阵，且以列向量呈现	diag(a)	ans = 1 5 9

续表2.6

函数名	功能	示例	
		输入	结果
[l,u]=lu(X)	方阵分解为一个准下三角方阵和一个上三角方阵的乘积。l 为准下三角阵,必须交换两行才能成为真的下三角阵	[l,u]=lu(a)	l = 　　0.1429　1.0000　0 　　0.5714　0.5000　1.0000 　　1.0000　0　　　0 u = 　　7.0000　8.0000　9.0000 　　0　　　0.8571　1.7143 　　0　　　0　　　0.0000
[q,r]=qr(X)	m×n 阶矩阵 X 分解为一个正交方阵 q 和一个与 X 同阶的上三角矩阵 r 的乘积。方阵 q 的边长为矩阵 X 的 n 和 m 中的较小者,且其行列式的值为 1	[q,r]=qr(a)	q = 　−0.1231　0.9045　0.4082 　−0.4924　0.3015　−0.8165 　−0.8616　−0.3015　0.4082 r = 　−8.1240　−9.6011　−11.0782 　0　　　0.9045　1.8091 　0　　　0　　　−0.0000
[u,s,v]=svd(X)	m×n 阶矩阵 X 分解为三个矩阵的乘积,其中 u、v 分别为 n×n 阶和 m×m 阶的正交方阵,s 为 m×n 阶的对角阵,对角线上的元素就是矩阵 X 的奇异值,其长度为 n 和 m 中的较小者	[u,s,v]=svd(a)	u = 　−0.2148　0.8872　0.4082 　−0.5206　0.2496　−0.8165 　−0.8263　−0.3879　0.4082 s = 　16.8481　0　　　0 　0　　　1.0684　0 　0　　　0　　　0.0000 v = 　−0.4797　−0.7767　−0.4082 　−0.5724　−0.0757　0.8165 　−0.6651　0.6253　−0.4082

注：在 MATLAB 中求矩阵逆，当出现 $\det(a)=0$ 或 $\det(a)$ 虽不等于零但数值很小接近于零，计算 $\text{inv}(a)$ 时，其解的精度比较低，用条件数（求条件数的函数为 cond）来表示，条件数越大，解的精度越低，MATLAB 会提出警告："条件数太大，结果可能不准确。"因此，需要用户注意，并检查程序。

2.5   MATLAB解代数方程组

　　力学问题的数值求解本质上是将定义在连续求解域上的微分方程或积分方程离散成代数方程组求解。接下来介绍MATLAB求解线性方程组的过程和程序代码的实现。

　　设n个未知变量组成的列向量X满足线性方程组$AX=B$，A是方程组的系数矩阵，为n阶方阵，B是常数项向量，是n行1列的列向量。

　　任何一个数值计算程序都可以分成3个模块，即输入模块（前处理模块）、执行模块和后处理模块。输入模块包括系数矩阵元素和常数项向量元素计算需要的参数，如力学问题的材料参数、几何参数等，定义未知数的个数，定义向量和矩阵等。当然，如上所述，在MATLAB中可以不用提前定义模块，但是作为一个优秀的模块化程序设计者，建议提前定义好程序中出现的向量和矩阵等，这样可以使程序模块化、条理性更好。执行模块分为两部分，第一部分是给系数矩阵A和常数项向量B赋值，第二部分是求解方程组。MATLAB软件中内置了很多子程序，当然也包括求解线性代数方程组的子程序。因此，在用MATLAB求解线性代数方程组时，只需要调用这些子程序即可，或者直接使用MATLAB命令。常用的命令有两种：一种是先对A求逆矩阵，即inv(A)，再与B相乘，即可求解X=inv(A)*B；另外一种是直接用左除法的形式求解，即X=A\B。这两种方法的子程序中都使用了Gauss消元法求解线性代数方程组，区别在于前一个命令需要求解系数矩阵的逆矩阵，因此计算量会大一些。最后对计算的数据做进一步分析，可以直接保存、画图等，也可以利用计算数据进一步计算其他量等。下面列出了MATLAB求解线性代数方程组的主要代码：

输入模块：

E=data1;　　　　%材料参数,当然在实际问题中不止一个材料参数,按照实际情况,
　　　　　　　　　一一定义即可

L=data2;　　　　%几何参数,几何参数的个数和取值根据实际问题设置即可

n=data3;　　　　%设定未知数的个数

X=zeros(n,1);　　%开设n行1列的向量,放置未知变量,初始元素为0

A=zeros(n,n);　　%开设n行n列的矩阵,放置方程系数,A矩阵的初始元素均为0

B=zeros(n,1);　　%开设n行1列的向量,放置常数项,初始元素为0

Y=zeros(n,1);　　%开设n行1列的向量,该向量是X的函数,用来放置函数的数值结果

执行模块：

for i=1:1:n　　　%循环语句,开始为1,结束为n,逐步递增,步长为1,也可以省略,当
　　　　　　　　　步长不为1时,用户也可以自行设置步长,且不能省略

for j=1:n　　　　%循环语句,步长为1,可以略去不写

　A(i,j)=dataij;　%为系数矩阵,根据实际问题赋值

end　　　　　　%第二重循环结束

　B(i,1)=datai;　%为常数项,根据实际问题赋值

```
end                %第一重循环结束
```

```
det(A);            %计算 A 行列式的值
if det(A)==0       %判断 A 的行列式为 0
  break;           %退出
else               %如果 A 行列式的值不为 0
X=inv(A)*B         %求解方程组并给出解
end
```

X=A\B;   %也可以不使用上述框中程序,直接使用左除法求解方程组的值

后处理模块:

Y=sin(X);   %利用 X 值计算 Y 的值

SOL=[X,Y];   %将 X 和 Y 两个列向量放置在矩阵 SOL 中,SOL 是一个 n 行 2 列的矩阵

save −ascii result.txt SOL   %将结果 SOL 保存在计算机中,路径为该执行程序的目录下,保存的文件名为 result,保存的文件类型为 txt 文件,n 行 2 列

plot(X,Y)   %将 Y 随 X 的变化结果画成二维曲线图

当然在上述程序中,在填充系数矩阵或者常数向量的时候往往受到实际问题的制约,或者为了更好地模块化程序,需要设置有条件的循环语句,这时 for 语句不再适用。for 循环语句是无条件的,而有条件的循环需使用 while 语句实现。比如在距离梁左端点 $L/4$ 处开始布置均布载荷(q),左端点为 0,梁的长度为 L,沿梁中线为 x 轴,将梁离散成 n 个节点,坐标为 x_i,节点上载荷 $Q(i,1)$ 的程序表达为:

```
while xi>L/4
Q(i,1)=q;
end
```

另外,如果程序比较长或者比较复杂,经常会在主程序中设置简单的主要步骤,然后把具体的变量设置成子程序,在求解时,在主程序中调用子程序即可。MATLAB 中的子程序通常写成 function 的形式,下面为一个简单的主程序和子程序调用与完成情况:

主程序:

x=−0.5;

y=fstr(x)   %定义主程序调用子程序

子程序:

function y=fstr(x) %定义子程序

if (x<0)   %判断 x 的符号

```
fprintf("Lanzhou University");        %屏显 Lanzhou University
return                                %当x<0时,退出程序,执行屏显命令,屏幕会出现
                                      Lanzhou University

end
fprintf("Computational Mechanics")    %当x>0时,屏显 Computational Mechanics
```

2.6 MATLAB绘图

在使用MATLAB过程中会经常用到绘制图像命令。

大量数值结果以图片形式呈现可更为直观。MATLAB不但擅长矩阵相关的数值运算，也适合直观表示各种科学结果，包含绘制一维曲线及二维曲面等。

2.6.1 xy 平面绘图命令

plot是绘制一维曲线的基本函数，但在使用此函数之前需先定义曲线上每个点的 x 及 y 坐标。用以下命令可画出一条正弦曲线（如图2.6所示）：

```
x=linspace(0,2*pi,100);        % 100个点的 x 坐标
y=sin(x);                      % 对应100个 x 坐标的 y 坐标
plot(x,y)
```

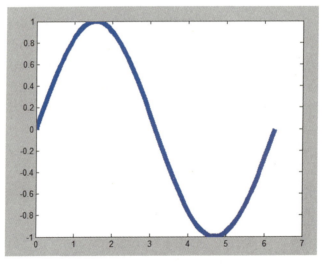

图2.6 用plot函数画出一条正弦曲线

线条的颜色和类型可以设置，也可以在plot函数中设定，如果缺省，线条为光滑曲线，颜色为蓝色。如需把图中的线条换成绿色圆圈线（如图2.7所示），需用以下的命令：

```
x=linspace(0,2*pi,100);        % 100个点的 x 坐标
y=sin(x);                      % 对应100个 x 坐标的 y 坐标
plot(x,y,'go');
```

　　plot函数中有很多种可设定线条颜色和形状的命令。颜色用字母表示，如y表示黄色，k表示黑色，w表示白色，b表示蓝色，g表示绿色，r表示红色，c表示亮青色，m表示锰紫色等；形状用符号表示，如o、x、+、*表示点线，-.表示点虚线，--表示虚线。

　　plot函数也可以把几条线绘制在一幅图上。如一个函数是$\sin x$，另一个函数是$\cos x$，要把这两个结果绘制在一幅图上（如图2.8所示），用以下命令：

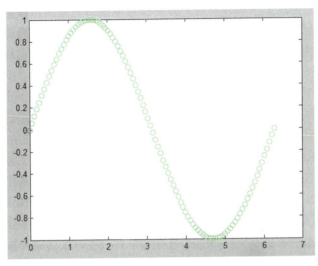

图2.7　用plot命令把图中线条换成绿色圆圈线

x=linspace(0,2*pi,100);	% 100个点的x坐标
y=sin(x);	% 对应100个x坐标的y坐标，一条线的纵坐标
z=cos(x);	% 另外一条线的纵坐标
plot(x,y,'go');	%以绿色圆圈线呈现
hold on	%上一步画的图像不要关闭
plot(x,z,'r*')	%以红色星号线呈现

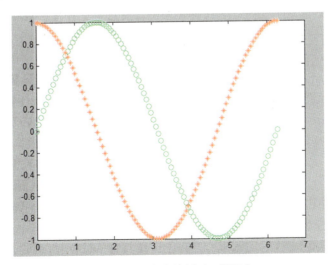

图2.8　把两条线绘制到一幅图上

plot(x, y, 'go')、 hold on、plot(x, z, 'r*')三个命令也可以通过一条命令实现，即 plot(x, y, 'go', x, z, 'r*')。

此外，还可以通过命令改变坐标的类型、添加坐标注释以及格线等，如表2.7所示。

表2.7　常用画图命令

命令	解释	命令	解释
plot	x轴和y轴均为线性刻度	loglog	x轴和y轴均为对数刻度
semilogx	x轴为对数刻度，y轴为线性刻度	semilogy	x轴为线性刻度，y轴为对数刻度
xlabel('')	x轴注解	ylabel('')	y轴注解
title('')	图形标题	legend('y = sin(x)', 'y = cos(x)')	图形注解
grid on	显示格线	errorbar	图形加上误差范围
bar	长条图	polar	极坐标图
fplot	较精确的函数图形	rose	极坐标累计图
hist	累计图	stem	针状图
stairs	阶梯图	feather	羽毛图
fill	实心图	quiver	向量场图
compass	罗盘图		

2.6.2　xyz立体绘图命令

mesh和surface是三维空间立体绘图的基本命令，mesh可画出立体网状图，surface则可画出立体曲面图，两者产生的图形会依图形高度而有不同颜色。下面为用mesh命令绘制的一个三维图（如图2.9所示）：

```
x=linspace(-1,1,100);          %在x轴上取100个点
y=linspace(0,2,100);           %在y轴上取100个点
[xx,yy]=meshgrid(x,y);         %xx和yy都是101×101的矩阵
z=xx.*exp(-yy.^2);             %计算函数值，zz也是101×101的矩阵
mesh(xx,yy,z);                 %画出立体网状图
```

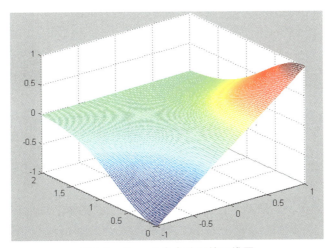

图2.9 用mesh命令绘制的三维图

surface或者surf命令与mesh命令类似，只是执行surface或surf命令所绘制的图的颜色是布满的。图2.10是利用surface命令绘制的图形。

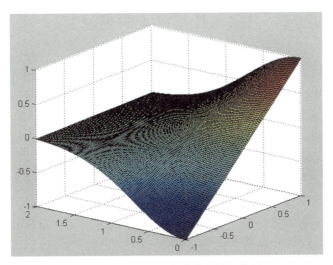

图2.10 用surface命令绘制的三维图

还可以利用plot3命令绘制三维曲线，利用contour命令绘制一个曲面的等值线以及云图。MATLAB还有一个详细的帮助文件模块，只需要点击"帮助"或者"help"，键入想要查找的命令，便可获得详细的帮助文件。

MATLAB功能远不止这些，这里只对常用功能略作介绍和引导。本教材所有数值实验案例都以MATLAB软件为平台进行程序设计、代码编写和程序运算。

第3章　数值仿真结果的评估

在数值仿真计算中，判断数值计算结果与实际问题真实解之间的接近程度是非常重要的。这也是确保数值仿真模型准确性和可靠性的关键，即需要评估数值计算结果的精确度。

影响数值计算结果精确度的因素往往有很多。不同因素导致的计算结果与真实解的差异，统称为误差。误差估计一般需要专门的数学理论来支撑，如误差理论。

3.1　计算误差的来源

许多因素，如机器因素、随机因素、人为因素等，均可导致数值计算结果与真实解之间的误差。通常，人们根据产生误差的可能性来判断误差的各种来源。

一般而言，误差的来源主要有以下几个方面：

（1）在物理模型转换成数学模型过程中，由于不当假设、近似等导致的误差，即数学模型结果无法较准确或全面地描述原问题结果；

（2）在数学模型转换成数值模型过程中，由于计算方法等问题导致的误差，使得计算结果无法完全描述数学模型的结果；

（3）由于数值求解方法不当，或者数值解算中机器运算导致的误差，使得计算结果偏离实际问题的结果。

来源（1）所述的误差，其与物理问题的数学建模过程有关。这里，我们只考虑数学模型已经建立的情形，因此这一误差本章不做论述。

来源（2）所述的误差，其与数学问题的数值求解方法有关。针对力学问题的数值求解，所采用的求解方法就是计算力学的主要研究内容，也就是将力学问题的数学模型转换成数值仿真模型的理论和方法。在这一过程中，数学模型在数值离散和近似过程中会产生截断误差。

通常，每一种计算力学方法都有其优点和缺点，可能存在计算算法的收敛性、稳定性问题，也可能存在随着计算时长的增加计算结果偏离实际结果太远的问题。只有充分了解和掌握每一种计算力学方法的特点，针对所要解决问题的特征选用恰当的计算方法，才有望获得满足精确度要求的数值解。

来源（3）所述的误差，主要依赖计算机不可避免的数据存贮和截断所产生的误差。

计算机中的计算都会转换成二进制数据计算，且以有限的整数或者小数进行运算。举例来说，简单的数据如 1/3，在计算机中没有与之完全相等的数据存在，必须转换成小数的形式进行运算。计算机的存储量是有限的，存在最大的存储范围，如 4 位浮点数最多可以有 4 位小数，第 5 位后的数据会被舍弃。1/3 是一个无限循环小数，因此其转换成小数储存时必将取近似值，从而导致误差。

3.1.1　截断误差

截断误差是指在数值计算中，由于采用近似的方法，截取了无穷过程中的部分而产生的误差。这种误差通常源于数学模型的离散化或近似，导致在问题的数值解中丢失了一些细节或精确信息。

在数值求解微分方程的过程中，经常要将微分方程转化为代数方程求解。例如，在运用有限差分法求解常微分方程时，要将一个节点上的不同阶导数用此节点周围节点的函数值近似表示。

若要获得函数 $y(x)$ 在某点 x 处的导数，可将其在 x 处进行 Taylor 展开，如：

$$y(x + \Delta x) = y(x) + \frac{dy(x)}{dx}\Delta x + \frac{d^2 y(x)}{dx^2}\frac{\Delta x^2}{2} + \cdots \tag{3.1}$$

进而，一阶导数可表示为：

$$\frac{dy(x)}{dx} = \frac{y(x + \Delta x) - y(x)}{\Delta x} - \frac{d^2 y(x)}{dx^2}\frac{\Delta x}{2} + \cdots \tag{3.2}$$

该式包含了无穷多项，在计算中我们无法将所有项数都取到，因此需要进行截断近似来表示导数值，即：

$$\frac{dy(x)}{dx} \approx \frac{y(x + \Delta x) - y(x)}{\Delta x} \tag{3.3}$$

显然近似计算式（3.3）与原式（3.2）存在一定的差异，这就是一种数学连续模型在进行数值离散化过程中产生的截断误差。

3.1.2　舍入误差

舍入误差是指在进行数值计算时，由于计算机的有限存储容量和精度，导致对无限小数或无限位数的数值进行截断，从而产生的误差。

舍入误差是数值计算中最为常见的误差。计算机中数据的长度是有限的，因此对于无理数如 π、$\sqrt{2}$ 等，在运算中不能保留无限不循环数位，必须舍去一定的数位，如 $\pi \approx 3.14$，$\sqrt{2} \approx 1.414$。

舍入误差的大小取决于计算机的浮点数表示方式，以及进行舍入的规则。一般地，计算机运算中对数据的长度是有规定的，比如规定最长数为 4 位小数，那么对于一个位数有限的数 0.573289，计算机会按照规定执行命令，将其近似为 0.5733。显然，这种处理过程也会产生误差。

为了减小舍入误差，可以采用更高的计算精度，但这会相应地增加计算的复杂性和资源需求。在实际应用中，对于巨量数据的运算，了解和管理舍入误差是确保数值计算结果准确的重要一环。

3.2　误差估计

在数值求解过程中，需要不断地检验数值计算结果的正确性，因此就会用计算误差来评估计算结果。下面介绍误差的定义、误差大小的判定，以及计算机中数据的表达、误差传递等。

3.2.1　绝对误差和绝对误差限

设一个量的精确值为u，它的一个计算值为$\tilde{u}$，则定义绝对误差：

$$E(u) = \tilde{u} - u \tag{3.4}$$

一般地，一个问题的精确解很难得到，因而对于u也无从知晓。在这种情况下，通常无法得知绝对误差$E(u)$的确切数值。然而，我们常常可以采用一些估算绝对误差上界的方法，即存在一个数$\varepsilon > 0$，使得

$$\left| E(u) \right| = \left| \tilde{u} - u \right| \leqslant \varepsilon \tag{3.5}$$

这里，ε称为$\tilde{u}$的绝对误差限，也称为误差限或精度。

由式（3.5），可得：

$$\tilde{u} - \varepsilon \leqslant u \leqslant \tilde{u} + \varepsilon \tag{3.6}$$

这样便可以确定精确值的取值范围，有时候也可写成$u = \tilde{u} \pm \varepsilon$。显然，绝对误差$E(u)$是有量纲的，并且与$u$的量纲相同。假设梁上某点的挠度精确值为$0.5\,mm$，计算结果为$0.54\,mm$，则计算结果的绝对误差为$E(u){=}0.54\,mm{-}0.5\,mm{=}\,0.04\,mm$。再如，某高楼在地震中某时刻的振动幅值精确值为$1\,cm$，计算结果为$1.01\,cm$，则计算结果的绝对误差为$E(u) = 1.01\,cm - 1\,cm{=}\,0.01\,cm$。

3.2.2　相对误差和相对误差限

计算结果的绝对误差是反映计算结果与精确结果的差异，并且能够量化误差的大小。例如，在梁上某点挠度的计算结果中，绝对误差为$0.04\,mm$，而在某次地震中某栋高楼某时刻振动幅值的绝对误差为$0.01\,cm$。从绝对值的角度来看，显然后者的误差较大。

为了评估计算结果的误差，需要与精确结果进行比较，因此引入相对误差的定义：

$$E_r(u) = \frac{\tilde{u} - u}{u} = \frac{E(u)}{u} \tag{3.7}$$

这里，$E_r(u)$表示相对误差，显然相对误差是无量纲的。

再看前述两个问题中的相对误差，梁挠度计算结果的相对误差为$E_r(u){=}0.04\,mm/0.5\,mm$ $=0.08$。而地震中楼振动幅值计算结果的相对误差为$E_r(u) = 0.01\,cm/1\,cm = 0.01$。从相对误差可以清晰地看出，楼振动幅值的计算结果相对误差更小。

通常情况下，由于精确解难以获得，式（3.7）的分母常用计算结果替代，得到如下形式的相对误差：

$$E_r(u) = \frac{\tilde{u} - u}{\tilde{u}} = \frac{E(u)}{\tilde{u}} \tag{3.8}$$

类似于绝对误差，如果绝对误差有误差限，那么相对误差也同样存在误差限，该误差限与绝对误差限及计算结果相关。由于相对误差无量纲，通常采用百分比来描述。例如梁挠度计算结果的相对误差为8%，而楼振动幅值计算结果的相对误差为1%。这种表达方式与问题的几何尺度无关，更能描绘误差的特性，因此在数值计算误差分析中常常采用相对误差进行评估。

3.2.3 有效数字

前文提到的数据舍入误差主要源于四舍五入操作。例如，对于无理数 $\pi = 3.1415926535897\cdots$，若取2位小数则 $\pi = 3.14$，取8位小数则 $\pi = 3.14159265$。我们可以轻松判断，在分别取2位、8位小数时，对应的绝对误差限分别为 0.5×10^{-2}、0.5×10^{-8}，即：

$$|E| = |\pi - 3.14| \leqslant 0.5 \times 10^{-2}, \quad |E| = |\pi - 3.14159265| \leqslant 0.5 \times 10^{-8} \tag{3.9}$$

由此可见，这两个近似数据的绝对误差限均不超过最后一位小数的半个单位。

若近似值 $\tilde{u}$ 的绝对误差限是某一位的半个单位，我们称其"准确"到这一位，且从该位直至 $\tilde{u}$ 的第一位非零数字共有 N 位有效数字。一般而言，通过四舍五入法得到的近似值为 N 位有效数字的 $\tilde{u}$，可表示为以下标准形式：

$$\tilde{u} = \pm 10^M \times \sum_{n=1}^{N} a_n \times 10^{-n} \tag{3.10}$$

其中 a_1 是1到9中的任一个数字，$a_n(n \neq 1)$ 是0到9中的任一个数字。我们知道 $\tilde{u}$ 的绝对误差限为：

$$|E(u)| = |u - \tilde{u}| \leqslant 0.5 \times 10^{M-N} \tag{3.11}$$

那么，$\tilde{u}$ 的相对误差限为

$$|E_r(u)| = \left| \frac{u - \tilde{u}}{\tilde{u}} \right| \leqslant \frac{1}{2a_1} \times 10^{M-N} \tag{3.12}$$

基于有限数位，我们可以明确绝对误差限和相对误差限。以 $\sqrt{5}$ 的近似值为例，有效数字为7，即 $N = 7$。我们知道 $\sqrt{5}$ 的整数部分为2，即 $a_1 = 2$，$M = 1$。将 M、N 分别代入式（3.11）和式（3.12），可知该近似值的绝对误差限为 0.5×10^{-6}，相对误差限为 0.25×10^{-6}。

规定了数据的有效数字后，所有数值运算过程必须遵循这个规定进行计算。例如，32.97581、0.00045、20.00002这三个数值，在有效数字位数规定为6的情况下，计算中的近似值分别为32.9758、0.000450000、20.0000。特别需要注意的是，0.000450000后面的4个0必须保留，20.0000小数点后的4个0不能省略，以满足有效数字的要求。

式（3.10）中，若规定 $0.1 \leqslant a_1 \leqslant 1$，即计算机中表示的十进制规格化浮点数，其中 N 称为浮点数。根据浮点数，我们能够确定该数字的有效数字，而 N 的最大值受计算机最大字长的限制，这便是计算机中数据存储的方式。理解了数据浮点数的表达方式后，我们就能够预测数据在计算机中的舍入误差。

例如，采用四位十进制浮点数法表示0.00002、−2、1.02的形式如下：

$$0.00002 = 10^{-4} \times 0.2000, \quad -2 = -10^1 \times 0.2000, \quad 1.02 = 10^1 \times 0.1020$$

3.2.4 误差的传递

在实际的数值计算中，参与运算的数据往往是近似值，带有一定的误差，这些数据误差在多次运算过程中会进行传递或传播，使得计算结果产生误差。

设一连续可微函数 $y = f(x)$，若在点 x 处的近似值为 $\tilde{x}$，对应的绝对误差限记为 ε，则经过函数运算后的该点的函数值 $f(\tilde{x})$ 也是近似的。这样，函数值在该点处产生了误差，我们可以通过 $\tilde{x}$ 的误差限来确定函数近似值的误差限。

根据绝对误差的定义，函数近似值的绝对误差可表示为：

$$\left| E[f(\tilde{x})] \right| = \left| f(x) - f(\tilde{x}) \right| \tag{3.13}$$

将函数 $f(x)$ 在点 $\tilde{x}$ 处进行 Taylor 级数展开，可得：

$$f(x) = f(\tilde{x}) + \frac{\mathrm{d}f(\tilde{x})}{\mathrm{d}x}(x - \tilde{x}) + \frac{\mathrm{d}^2 f(\tilde{x})}{\mathrm{d}x^2} \frac{(x - \tilde{x})^2}{2} + \cdots \tag{3.14}$$

将式（3.14）代入式（3.13），略去高阶项，可得：

$$\left| E[f(\tilde{x})] \right| \approx \left| \frac{\mathrm{d}f(\tilde{x})}{\mathrm{d}x} \right| \left| x - \tilde{x} \right| \leqslant \left| \frac{\mathrm{d}f(\tilde{x})}{\mathrm{d}x} \right| \varepsilon \tag{3.15}$$

进而，可得到函数的绝对误差限为 $\varepsilon[f(\tilde{x})] = \left| \mathrm{d}f(\tilde{x})/\mathrm{d}x \right| \varepsilon$。这样，根据自变量 x 的近似值 $\tilde{x}$ 的绝对误差限和函数性质，就可以实现函数近似值的绝对误差限的估计。

更为一般地，设多元连续可微函数 $y = f(x_1, x_2, \cdots, x_n)$，当自变量 $\{x_1, x_2, \cdots, x_n\}$ 近似值分别为 $\{\tilde{x}_1, \tilde{x}_2, \cdots, \tilde{x}_n\}$，对应的绝对误差限为 $\{\varepsilon_1, \varepsilon_2, \cdots, \varepsilon_n\}$，那么由于自变量的近似导致函数值产生误差，函数值的误差绝对值可表示为：

$$\left| E[f(\tilde{x}_1, \tilde{x}_2, \cdots, \tilde{x}_n)] \right| = \left| f(x_1, x_2, \cdots, x_n) - f(\tilde{x}_1, \tilde{x}_2, \cdots, \tilde{x}_n) \right| \tag{3.16}$$

同理，基于函数的 Taylor 展开并略去高阶项，则式（3.16）可进一步写成：

$$\left| E[f(\tilde{x}_1, \tilde{x}_2, \cdots, \tilde{x}_n)] \right| \approx \sum_{i=1}^{n} \left| \partial f/\partial x_i \right| \left| x_i - \tilde{x}_i \right| \leqslant \sum_{i=1}^{n} \left| \partial f/\partial x_i \right| \varepsilon_i \tag{3.17}$$

这样便可容易估算出函数的绝对误差限为 $\varepsilon[f(\tilde{x}_1, \tilde{x}_2, \cdots, \tilde{x}_n)] = \sum_{i=1}^{n} \left| \partial f/\partial x_i \right| \varepsilon_i$。

若设自变量 $\{x_1, x_2, \cdots, x_n\}$ 的相对误差限为 $\{\varepsilon_{r1}, \varepsilon_{r2}, \cdots, \varepsilon_{rn}\}$，则函数的相对误差限也不难获得：

$$\begin{aligned} \varepsilon_r[f(\tilde{x}_1, \tilde{x}_2, \cdots, \tilde{x}_n)] &= \frac{\varepsilon[f(\tilde{x}_1, \tilde{x}_2, \cdots, \tilde{x}_n)]}{\left| f(\tilde{x}_1, \tilde{x}_2, \cdots, \tilde{x}_n) \right|} \\ &= \frac{1}{\left| f(\tilde{x}_1, \tilde{x}_2, \cdots, \tilde{x}_n) \right|} \sum_{i=1}^{n} \left| \partial f/\partial x_i \right| \varepsilon_i \\ &= \sum_{i=1}^{n} \left| \frac{\partial f}{\partial x_i} \right| \left| \frac{\tilde{x}_i}{f(\tilde{x}_1, \tilde{x}_2, \cdots, \tilde{x}_n)} \right| \varepsilon_{ri} \end{aligned} \tag{3.18}$$

通过上面的分析，我们可以看出当自变量取值产生误差时，相关联的函数值也会产生误差，这是一种误差传递。进一步，我们可以获得自变量四则混合运算近似值的误差，可以通过每个自变量近似值的误差限估计该误差。以两个自变量为例，不难得到：

$$\varepsilon(\tilde{x}_1 \pm \tilde{x}_2) = \varepsilon(\tilde{x}_1) + \varepsilon(\tilde{x}_2), \quad \varepsilon(\tilde{x}_1 \cdot \tilde{x}_2) = |\tilde{x}_2|\varepsilon(\tilde{x}_1) + |\tilde{x}_1|\varepsilon(\tilde{x}_2)$$

$$\varepsilon\left(\frac{\tilde{x}_1}{\tilde{x}_2}\right) = \frac{|\tilde{x}_2|\varepsilon(\tilde{x}_1) + |\tilde{x}_1|\varepsilon(\tilde{x}_2)}{(\tilde{x}_2)^2} \tag{3.19}$$

3.3 提高数值计算精度的方法

如上所述，在数值计算中不可避免地会产生误差。从给定的已知量出发，经过有限次四则运算，最后获得未知量的数值解，这样构成的完整计算步骤称为算法。

本节将简要介绍一些减小数值计算中由于算法导致误差的方法，以提高数值计算的精确度。主要以一些具体算例来阐述相关方法。

3.3.1 避免除数远小于被除数

例1. 求解二元一次方程组 $\begin{cases} 0.00001x_1 + x_2 = 1 \\ 2x_1 + x_2 = 2 \end{cases}$

解答： 如果我们在草稿纸上演算该方程，很容易获得方程组的解：

$$x_1 = \frac{100000}{199999} \approx 0.5000025, \quad x_2 = \frac{199998}{199999} \approx 0.999995$$

而在计算机数值计算过程中，输入计算机的数据会转换成浮点数的形式，然后进行运算。若使用4位浮点数运算，则原方程组首先写成如下形式：

$$10^{-4} \times 0.1000x_1 + 10 \times 0.1000x_2 = 10 \times 0.1000 \tag{3.20}$$

$$10 \times 0.2000x_1 + 10 \times 0.1000x_2 = 10 \times 0.2000 \tag{3.21}$$

将方程（3.20）除以 0.5×10^{-5}，则有：

$$10 \times 0.2000x_1 + 10^6 \times 0.2000x_2 = 10^6 \times 0.2000 \tag{3.20*}$$

继续进行如下运算，将方程（3.20*）减去方程（3.21），得到：

$$10^6 \times 0.2000x_2 = 10^6 \times 0.2000 \tag{3.22}$$

求解方程（3.22），并将解 x_2 代回方程（3.20*），容易获得方程的解：

$$x_2 = 10 \times 0.1000 = 1, \quad x_1 = 0$$

显然，该计算结果与精确解严重不符。

若我们将方程（3.21）除以 $10^6 \times 0.2000$，则得到：

$$10^{-4} \times 0.1000x_1 + 10^{-5} \times 0.5000x_2 = 10^{-4} \times 0.1000 \tag{3.21*}$$

将方程（3.20）减去（3.21*），得到：

$$10 \times 0.1000x_2 = 10 \times 0.1000 \tag{3.23}$$

求解方程（3.23），并将解 x_2 代回（3.21*），容易获得方程的解：

$$x_2 = 10 \times 0.1000 = 1, \quad x_1 = 0.5000$$

显然，这一结果与精确解非常接近。因此，在数值计算中应尽量避免进行除数绝对值远小于被除数绝对值的运算。若出现此情形，可采取改变运算顺序或进行数值替代转换等措施。

3.3.2 避免大数"吃"小数

数值计算中，参与运算的数有时数量级相差很大，而计算机的位数是有限的。在编写程序时，如不注意运算次序，就很可能出现小数加不到大数中而产生大数"吃掉"小数的现象。因此，出现几个数相加的情况时，应尽量避免将小数与大数相加。

例2. 计算数值 $y = 45980 + \sum_{i=1}^{1000} \delta_i$ $(0.1 \leqslant \delta_i \leqslant 0.9)$。若规定计算机中的数为4位浮点数。

按照规定，首先将每个数转为浮点数，若 δ_i 取最大值（即 $\delta_i = 0.9$），则运算如下：

$$y = 0.4598 \times 10^5 + 0.9000 + 0.9000 + \cdots + 0.9000 \tag{3.24}$$

然后，对照每一个数的阶数进行运算，即 $\delta_i = 0.000009000 \times 10^5$。根据有效数字的定义，该数在计算机上显示为0。因此，最终计算结果为 $y = 0.4598 \times 10^5$，即加数中的第一项后面的1000个加数均没能计算在内，这就是一个大数"吃掉"小数的例子。

如果调整一下顺序，先计算后面小数的加法。由于这些数的阶数是相同的，因此，可以获得：

$$0.1 \times 10^3 \leqslant \sum_{i=1}^{1000} \delta_i \leqslant 0.9 \times 10^3 \tag{3.25}$$

进一步，转换为相同阶数：

$$0.001 \times 10^5 \leqslant \sum_{i=1}^{1000} \delta_i \leqslant 0.009 \times 10^5 \tag{3.26}$$

最终，原先求和的计算式为：

$$0.4608 \times 10^5 \leqslant y \leqslant 0.4688 \times 10^5 \tag{3.27}$$

调整运算顺序，就成功地将小数部分加到大数中了。

例3. 已知 $a = 10^{12}$，$b = 10$，$c = -a$，计算 $y = a + b + c$。

若计算机中的数为4位浮点数，对于以上3个数的求和，显然 b 比其他2个数的绝对值小得多，如果直接按顺序计算，则大数 a "吃掉"小数 b，即 $a + b = 10^{12}$。然后，在此基础上加入 c，则最终可得 $y = 0$。

如果我们调整一下顺序，先计算 $a + c = 0$，再加上 b，则最后得出的结果为 $y = 10$。显然这样得出的结果是合理的。

此外，在一些计算中当除数很小时，可能会导致商很大，进一步的计算中也会发生大数"吃"小数的情形。因此，在数值计算求解实际问题时，也应避免很小的数出现在分母上的情形。比如，在运用有限差分法求解微分方程定解问题时，有限差分公式中会出现步长或步长的幂次方作为分母的现象。此时，通常将步长的除法运算转换成步长的乘法运算，即同乘以步长或者步长的幂次方项，将分母去掉，避免小数做除数，进而减小计算误差。

3.3.3 减小运算次数

一个算法所需的乘除运算总次数被称为计算量，以flop为单位。在解决相同问题的计算中，采用不同的算法将导致不同的计算量。每次运算都可能带来计算时间的消耗，并可能引发计算误差。因此，在设计算法时，必须优先考虑减少计算次数即计算量，这不仅能够缩短计算时间，还有助于减少误差的积累。通常情况下，可以进行化简运算，在计算之前应该先进行化简。

例4. 计算求和式 $y = \sum_{n=1}^{1000} \dfrac{1}{n(n+1)}$。

这是一个多项式求和问题。如果直接计算，将需要进行1999次加法、1000次乘法以及1000次除法运算，不仅计算量大，而且随着 n 的增加，$\dfrac{1}{n(n+1)}$ 逐渐减小，舍入误差逐渐累积，将导致计算误差增加。

如果我们采用一种更巧妙的算法，即先化简：

$$\frac{1}{n(n+1)} = \frac{1}{n} - \frac{1}{n+1} \tag{3.28}$$

然后利用这个简化后的表达式，我们可以得到

$$y = \sum_{n=1}^{1000} \frac{1}{n(n+1)} = 1 - \frac{1}{1001} \tag{3.29}$$

这样一来，只需要进行一次除法和一次减法运算就能够求解。这不仅极大地减少了计算量，还减小了计算误差。读者可以通过计算机进行验证，比较两种算法的结果及其计算所需的时间。

例5. 计算多项式 $P_n(x) = \sum_{i=0}^{n} a_i x^i$。

首先将该算式展开为：

$$P_n(x) = a_n x^n + a_{n-1} x^{n-1} + \cdots + a_1 x + a_0 \tag{3.30}$$

如果直接计算，逐项计算需要的乘法次数为 $n(n+1)/2$ 次，然后需要 n 次加法，总计需要计算 $n(n+3)/2$ 次。

而如果我们采用另一种算法：

$$P_n(x) = \left\{ \cdots \left[(a_n x + a_{n-1}) x + a_{n-2} \right] x + \cdots + a_1 \right\} x + a_0 \tag{3.31}$$

并定义：

$$S_n = a_n, \ S_k = x S_{k+1} + a_k \ \ (k = n-1, \ n-2, \ \cdots, \ 1, \ 0) \tag{3.32}$$

则显然 $P_n(x)$ 可以通过前面的递推过程得到：

$$P_n(x) = S_0 \tag{3.33}$$

可以看出，只需要分别进行 n 次乘法和加法运算，就能够求得 $P_n(x)$。这便是著名的秦九韶-华罗庚算法。

当求和项数庞大时，使用秦九韶-华罗庚算法可以大大减少计算量，减小计算误差的累积，同时也能够节约计算机资源。在设计数值计算算法时，务必要避免上述情况的发生，这可以显著地提高计算结果的精度。此外，在数值计算中，我们将在计算过程中误差不会增长的算法或计算公式称为数值稳定的算法，否则就称为数值不稳定的算法。为了确保数值计算结果的精确性和真实性，在实际应用中，我们应当选择数值稳定的算法或计算

公式，尽量避免使用数值不稳定的算法和计算公式。

本书的数值实验主要是基于MATLAB平台。随着MATLAB软件的不断完善，一些可能导致误差的简单运算，例如避免除数的绝对值远远小于被除数绝对值的除法、大数小数相加减等情况，MATLAB能够自动识别并进行相应调整。然而，当涉及读者自行编写的运算代码，或者无法调用MATLAB程序库中的代码或运算命令时，需要特别注意避免采用可能引起误差的算法，以确保更好地完成数值计算，提高计算精度，并获得误差较小的数值计算结果。

这里需要说明的是，现在很多计算机软件或者平台采用双精度浮点数（16位浮点数），上述很多减小数值计算误差的方法，由于软件内设浮点数位数足够多，可将数值误差降低到最小，如3.3.2节例3，在MATLAB 2017上运行时，不用特别调整运算顺序，尽管a、b相差较大，但$a+b$的结果在MATLAB允许的浮点数位内能完整地存储和调用，$a+b$的结果不用近似，因此不会产生数值计算误差。

3.4   数值结果的评估方法

我们之所以选择数值方法来解决定解问题，是因为我们不再依赖严格的理论推导获得问题的解析解。通常情况下，现有的理论无法推导出定解问题的解析解，因此我们必须采用数值方法。在将原定解问题转化为数值求解问题的过程中，需要选择适当的计算方法，如在处理力学问题时，需要选择相应的计算力学方法。计算力学的核心思想是将原问题离散化，通过将求解域离散化成点集、小微元体等方式，来求解点集上的解或者微元体上的解。因此，得到的解不再是连续体的解，而是采用一些方法如有限差分法、有限单元法等对问题离散求解得到的结果。

另一种思路是将真实解进行离散化，将解离散成一系列含有待定系数的坐标函数，然后根据一定的理论求解这些待定参数，从而得到近似解。其算法有加权残值法、变分法近似等。无论采用哪种方法，得到的结果都不会完全等同于原定解问题的解。因此，关键在于计算得到的结果是否能够近似为原定解问题的解，即数值解是否能够收敛到定解问题的解。

构建计算力学算法时，需要提供理论依据并明确收敛条件，以确保计算结果的可信性和可靠性。对数值计算结果也需要进行有效评估，以保障数值计算结果的可靠性和可信性。

3.4.1   计算方法的收敛性

下面简要讨论有限差分法、加权残值法以及有限单元法的收敛性。

实际上，为每种计算力学方法给出一致的收敛性准则是困难的，其往往与问题本身、定解问题的方程以及边界条件相关。在这里，我们就每种方法的收敛性提供一些基本的判别方法和思路。

有限差分法的核心思想是将定解问题的定义域离散化成点集，建立点集上未知变量的方程组，然后解这个方程组来得到点集上未知变量的解。对于二维问题而言，考虑点 (x_i, y_j) 处的真值为 u_{ij}，有限差分解为 $\tilde{u}_{ij}$。随着离散点数量的增加（即步长的缩小），通常情况下，当离散步长趋于零时，有限差分解会逼近真解，即

$$\tilde{u}_{ij} \to u_{ij} \tag{3.34}$$

我们称这种有限差分解为收敛的，通常也称该差分格式为收敛的。因此，对于某定解问题的有限差分解是否收敛，可以通过差分格式与真解之间的差异来判断。如果随着步长的减小，差异也减小，说明该差分格式是收敛的。

一般来说，差分格式的收敛性与步长有关，还与不同自变量步长的比例有关。对于椭圆问题，有限差分解通常表现出较好的收敛性，通过减小步长通常能够得到误差较小的解。因此，椭圆方程的有限差分解的收敛性，可通过逐渐减小步长的方法计算数值解来进行对比判断。抛物问题和双曲问题，其差分格式的收敛性通常与问题本身以及步长比例相关，其差分解的收敛性证明相对较为复杂，可参考张文生编著的教材。

加权残值法基于一般连续函数能够展开成一系列基函数和的思想。该方法假定定解问题的解可以表示为一系列坐标函数乘以待定系数的和，然后在一定要求下解出这些待定系数，从而得到定解问题的一个近似解。由于给出了定解问题的近似解，这一近似解可能不满足方程和边界条件，将近似解代入定解问题的方程和边界条件时可能导致一定的差异。通过强制在一定函数权重下，使这一差异在求解域内和等于零，或者在边界上和等于零，就可以得到关于近似解待定系数的方程组，从而可以解出待定系数。

根据不同的权函数，命名了不同的加权残值法，如最小二乘加权残值法、配点加权残值法、子区域加权残值法、伽辽金加权残值法、矩量加权残值法等。在"强制此差异在一定函数权重下在求解域上和等于零或者在边界上和等于零"的情况下，求得的近似解可能与真解存在一定的差异。因此，加权残值法的计算结果是否收敛与近似解的构造直接相关。

以下给出最小二乘加权残值法的收敛性条件。对于如下关于未知变量 $u(x,y)$ 的线性微分方程定解问题：

$$Lu - f = 0 \quad (\text{在域 } V \text{ 内}) \tag{3.35}$$

$$u = 0 \quad (\text{在边界 } \Gamma \text{ 上}) \tag{3.36}$$

其中，L 表示线性微分算子。假设未知函数的近似值 $\tilde{u}(x, y)$ 为：

$$\tilde{u}(x, y) = \sum_{i=1}^{n} C_i U_i(x, y) \tag{3.37}$$

其中，C_i 是待定系数，$U_i(x, y)$ 为坐标的已知函数，也称为试函数。

通常，若满足：

（1）试函数序列是完备的，即对任意小 $\varepsilon > 0$，总可以找到一个正整数 n 及常数 C_i，使得 $\|Lu - L\tilde{u}\| < \varepsilon$；

（2）在算子 L 的定义域中，对于任何 u 存在一个常数 K，使得 $\|u\| \leqslant K\|Lu\|$；

（3）方程 $Lu - f = 0$ 是可解的，且齐次方程 $Lu = 0$ 只有零解。

则可以应用最小二乘加权残值法求解上述近似解的系数，并且得到的解可以平均收敛

到精确解。

通常情况下，加权残值法得到的近似解是否能够收敛到精确解，关键在于近似解序列的选取。通常要求该序列满足完备性，当然还需要保持连续性。

有限单元法求解定解问题可以看作Ritz变分法近似的一种特殊情况。前者假设未知变量的近似函数在单元上，而后者假设未知变量的近似函数在整个求解域上。Ritz变分法近似要求近似函数坐标序列具有完备性和连续性，当项数增加至无穷时，近似解趋近于精确解。

然而，由于受限于单元形状和节点个数的限制，有限元的形函数不能尽可能多地取项数。在这种情况下，形函数需要满足以下两个准则，以确保当单元边长趋向零时，有限元的解趋近于精确解。

准则1：若出现在泛函中未知变量的最高阶导数为 m 阶，则单元未知函数的形函数至少应为 m 次完全多项式，使该单元为完备的。显然，这样的未知变量的近似函数是连续的，并具有 C^{m-1} 连续性。

准则2：若出现在泛函中未知变量的最高阶导数为 m 阶，形函数在单元交界面上必须具有 C^{m-1} 连续性，即在相邻单元的交界面上形函数应具有直至 $m-1$ 阶连续导数。当单元形函数满足以上要求时，称这样的单元是协调的。

通常情况下，当单元尺寸趋于零时，选取的单元形函数满足完备性和协调性时，有限元的数值解趋于精确解。当然，对于一些情况，由于受到单元形状和节点个数的限制，很难在所有边界上满足协调条件。在这种情况下，可以适当放宽协调条件，只要这些单元能通过分片试验，同样可以获得趋于精确解的结果。

以上只是对3种计算力学方法的一些理论要求和准则，当定解问题转化为代数方程组求解时，这些算法在理论上可以保证数值结果收敛到精确解。然而，在实际的数值计算中，由于计算机运算的误差等原因，最终的计算结果是否满足需求，仍需进一步评估与判断。

3.4.2   数值结果的准确性

在数值计算中，对数值解进行评估是判断其是否能够逼近方程真实解以及逼近程度的过程。常用的评价方法包括解析解比较法、解收敛性判断法和经验法。

1. 解析解比较法

将数值解与解析解进行对比，是一种最直接的评估方法。这种方法易于理解，方便且直观，可用于判断数值结果对方程解的逼近程度。例如，简支梁的弯曲问题，等截面、均匀梁的挠曲线解析解很容易获得：

$$w(x) = \frac{qx}{24EI} \left(x^3 - 2Lx^2 + L^3 \right) \tag{3.38}$$

由此，便可以将采用不同数值方法所获得的近似解与上式的解析精确解进行对比，对绝对误差、相对误差以及不同最大误差等评估，全面检验所获得的近似解逼近真实解的特征。

实际上，大多数需要使用数值求解的问题之所以采用数值法，是因为获取这些问题的解析解相当困难。那么将实验测试结果作为一种精确解，代替解析解来进行对比，也是常用的有效判别手段。

2.解收敛性判断法

解收敛性判断法是一种间接判断法，通过增加数值计算中的网格数或节点数来揭示对应不同数值解逐渐逼近定解问题真实解的趋势和特征，从而确定数值解可能收敛于真实解。以构建微分方程定解问题的差分格式为例，通常会考虑差分格式的相容性。要求在离散点数增加时，差分格式能够逼近定解问题，并且截断误差随着离散点个数的增加而减小。因此，增加节点数有望实现数值解逼近定解问题的真实解。

这种方法通常在判断椭圆方程数值解的收敛性方面是有效的。然而，对于双曲方程和抛物方程，首先需要确保离散的网格满足差分格式的收敛性条件，然后在此基础上通过增加离散点的数量来评估数值解。以热传导问题为例，温度时空变化的规律方程是一个抛物方程，热传导问题的差分格式是有条件收敛的。因此，还要在充分结合收敛条件的基础上，通过增加离散点的个数来评估数值结果。

3.经验法

经验法是一种研究者需要依赖数值计算中积累的经验以及对问题本身性质的深刻了解和认识的判断方法，用以进行数值结果准确性的评估。许多问题的差分格式很难得到收敛性证明，因此难以确定收敛性条件。在这种情况下，前述两种方法都无法有效评估数值解。如果问题本身具有对称性、方程为线性等特性，那么数值结果必定是对称的，可以通过定性的方式对数值计算结果进行判断。

总之，面对各种实际问题，对数值结果的评估需要具体问题具体分析，难以提供一个通用的模板，甚至可以综合运用多个判别方法来评估数值解的可靠性和逼近真实解的程度。

第4章　有限差分法求解力学问题

有限差分法是一种很直观的数值求解力学问题的方法。该方法首先将问题研究区域离散成可数的点集，然后将定义域上定解问题所对应的微分方程、边界条件转换成点上函数值的代数方程组，当点数很多时，在计算机上编写程序代码，最后进行数值求解，得到点上函数值的数值结果。

4.1　主要求解过程及步骤

处理任何问题，都要讲求方式方法，有限差分法数值求解力学问题也不例外。当我们求解力学问题时，首先要建立描述问题中的力学量控制方程，一般是微积分方程和该特定问题的边界要满足的条件，即抽象成数学描述的定解问题；然后运用计算力学方法对定解问题进行离散化和数值建模，并对所获得的代数方程组进行数值求解；最后对求解所得的数值结果进行评估和讨论，进而给出适用范围或可能的应用。

每一种计算力学方法对定解问题进行数值求解，都要遵循一些模块化的求解步骤和过程。

4.1.1　对问题求解区域的离散化

将求解区域离散为一些点集，对这些点集进行编号并赋予坐标等几何信息。若涉及无限或无界问题，显然不能离散为无限点集，需要对研究区域进行一定的截取。通常可以指定一个足够大的有限边界，以至于有限边界的选取对于整个问题影响很小或者可以忽略不计。另外，一些动力学问题可能涉及的时间尺度无限大，也需要进行有限时间段的截取，关注问题重要的有限时间历程即可。对此，可以先确定一个要研究的实际时间段，比如时间长度 T，之后再进行离散化。

求解区域内的离散点集，可以是等距（空间或时间尺度）离散，可以是非等距离散，也可以按照某一规律进行离散。同时包含时间和空间维度的问题，时间和空间的离散尺度一般是不相等的。比如一个三维动力学问题，时间维度上的离散距离为 t，3 个空间方向的离散距离分别记为 h_x、h_y 和 h_z，那么 t 与 h_x、h_y 和 h_z 可以不相等。一般地，为了获得的差分格式具有良好的收敛性及稳定性，不同维度之间的离散尺度需要满足一定的约束条件，这就涉及差分格式稳定性等基础理论。

4.1.2　运用有限差分公式，将定解问题的微分方程转换成差分离散化方程

运用有限差分公式，将定解问题的微分方程转换成差分离散化方程，这一过程称为数值建模过程。这里需要注意的是，使用不同的有限差分公式，最终所获得的离散化差分方程形式上会有所不同，是其原问题方程一定程度上的近似。除此之外，需要注意差分方程的成立范围，也就是说在哪些点上可以定义差分方程，这与未知变量以及相关定解条件所关联的点有关。

4.1.3　将定解问题的边界条件转换成差分方程

微分方程的第一类边界条件，直接根据离散点集给出函数在边界点上的值即可。第二类、第三类边界条件，因为边界条件包含了函数的微分运算，因此需要利用有限差分公式代替微分形式，进而获得一些未知变量在这些边界处的有限差分条件。对于涉及时间维度的问题，关于初始条件的差分方程与微分方程的获得方式类似。

4.1.4　考虑所有点集，形成整体的有限差分方程组

经过上述3个步骤，原来的微分方程的定解问题就转换成了代数方程组的问题。一般地，若原微分方程为线性方程，则离散和数值建模后所获得的代数方程组也是线性的。

进一步将求解区域内部各个点处的差分方程与边界处的差分方程进行集成和组装，便可以获得整体的有限差分方程组，即一组未知量和方程数目相一致的代数方程组。通常为了求解方便，代数方程组一般以矩阵的形式表示。将未知变量按照一定顺序排列成列向量，所有差分方程的系数就组成了矩阵方程的系数矩阵。

4.1.5　数值求解整体差分方程组，并对数值结果进行评估

对整体差分方程组，即代数方程组进行数值求解，便可获得待求的所有未知量。如果离散点数比较少，则最终所获得的方程组的维数也较少，可以很容易地得到方程组的解。但是离散点数较少时，所获得的数值计算结果往往难以满足精度要求。因此，通常选择较密的网格节点以获得较多数目的差分方程，对应的高维代数方程组就需要编写计算代码或者利用软件进行求解。线性问题采用高斯消元法即可实现代数方程的解答。

另外，获得数值解后，需对数值结果进行一系列必要的评估。例如，通过不同途径验证结果的准确性，通过数值实验验证结果的收敛性等。还可以基于所获得的数值解，经过一些运算获得其他与问题相关联的导出量。例如，数值求解得到了梁的挠度，若希望研究梁的内力分析如弯矩等，则可以基于梁弯矩与梁挠度之间的关系，利用数值微分、数值插值运算等进一步得到这些导出量。

下面将运用有限差分法进行一些数值实验与仿真，数值求解一些具体力学问题，展示整个求解过程。

4.2　数值实验1：地基梁弯曲问题

4.2.1　问题描述

地基梁是一种为了维持建筑结构稳定而布置在地基上的梁。地基梁可以将建筑物的重力或其他荷载传递到基础地基上，从而增强建筑结构的水平面刚度，在许多建筑结构的设计中都布置有地基梁。

4.2.2　数学模型建立

许多建筑结构都需要使用地基梁，如某村民建造房屋会使用大量的地基梁结构，如图4.1所示。村民盖房子一般没有过多地考虑设计等问题，通常会根据经验建造房屋，也会布置地基梁，大多数情况下他们的房屋是足够结实和稳定的。下面我们以地基梁参数和承受的载荷为例，讨论地基梁承载的力学量，以评估村民所盖房屋的安全性。

设梁的长度为 $L=6.09$ m，杨氏模量为 E，截面刚度为 I，抗弯刚度为 $EI=2.633\times10^6$ kN·m²，我们希望获得梁的弯曲挠度，以评估村民所盖房屋的安全性。其中，地基反力系数为 $k=5\times10^4$ kN/m²，作用于梁上的均布载荷为 $q=1.488\times10^4$ kN/m。

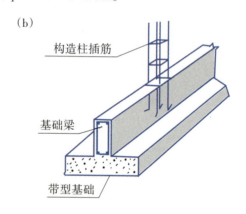

（a）施工现场的地基梁结构　　　　　　　（b）地基梁结构示意图

图4.1　地基梁结构

首先，对以上问题进行必要的简化处理，并保持建筑结构的主要特征以及约束或支撑条件等。根据问题的特征，可将其简化为一等截面、两端简支的梁置于弹性支撑的地基上，受到横向均布载荷的作用，图4.2为地基梁结构的简化图。设沿着梁的纵向的坐标轴为 x 轴。

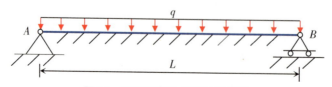

图4.2　均布载荷作用下的地基梁

其次，根据材料力学的相关理论和知识，很容易获得横向均布载荷下地基梁的弯曲挠度 w 满足的控制方程：

$$EI \frac{\mathrm{d}^4 w}{\mathrm{d}x^4} = q - kw \tag{4.1}$$

在梁的两个简支端，对应的边界条件为：

$$x = 0: \quad w = 0, \frac{\mathrm{d}^2 w}{\mathrm{d}x^2} = 0$$
$$\tag{4.2}$$
$$x = L: \quad w = 0, \frac{\mathrm{d}^2 w}{\mathrm{d}x^2} = 0$$

显然，方程（4.1）为一线性的常微分方程，当已知梁的几何参数、物理参数以及载荷工况时，便可以较容易地求解梁的弯曲方程，获得问题的解析解。

首先求解方程（4.1）所对应的齐次方程：

$$EI \frac{\mathrm{d}^4 w}{\mathrm{d}x^4} = -kw \tag{4.3}$$

设 $w = \mathrm{e}^{\lambda x}$，并代入上述方程，可得：

$$\lambda^4 + k/EI = 0 \tag{4.4}$$

容易获得特征值 λ，其共有4个值，分别为：

$$\lambda_1 = \left(\frac{k}{EI}\right)^{1/4} \frac{\sqrt{2}}{2}(i+1), \lambda_2 = -\left(\frac{k}{EI}\right)^{1/4} \frac{\sqrt{2}}{2}(i+1)$$
$$\tag{4.5}$$
$$\lambda_3 = \left(\frac{k}{EI}\right)^{1/4} \frac{\sqrt{2}}{2}(i-1), \lambda_4 = \left(\frac{k}{EI}\right)^{1/4} \frac{\sqrt{2}}{2}(1-i)$$

进一步，选取方程（4.3）的一个特解 q/k，则其通解可表示为：

$$w = q/k + \mathrm{e}^{\alpha x}(A_1 \sin \alpha x + A_2 \cos \alpha x) + \mathrm{e}^{-\alpha x}(A_3 \sin \alpha x + A_4 \cos \alpha x) \tag{4.6}$$

其中，$\alpha = (k/EI)^{1/4} \sqrt{2}/2$。

将边界条件（4.2）代入（4.6），便可获得待定常数 $A_l(l=1, 2, 3, 4)$：

$$A_1 = A_3 = \frac{q \sin \alpha L \left[-2\cos \alpha L + \mathrm{e}^{\alpha L} + \mathrm{e}^{-\alpha L} \right]}{k \left[-\mathrm{e}^{2\alpha L} - \mathrm{e}^{-2\alpha L} + 2\cos 2\alpha L \right]}$$

$$A_2 = \frac{-q \left[\cos 2\alpha L - \mathrm{e}^{-2\alpha L} + \left(\mathrm{e}^{-\alpha L} - \mathrm{e}^{\alpha L} \right) \cos \alpha L \right]}{k \left[-\mathrm{e}^{2\alpha L} - \mathrm{e}^{-2\alpha L} + 2\cos 2\alpha L \right]} \tag{4.7}$$

$$A_4 = \frac{q \left[-\cos 2\alpha L + \mathrm{e}^{2\alpha L} + \left(\mathrm{e}^{-\alpha L} - \mathrm{e}^{\alpha L} \right) \cos \alpha L \right]}{k \left[-\mathrm{e}^{2\alpha L} - \mathrm{e}^{-2\alpha L} + 2\cos 2\alpha L \right]}$$

4.2.3 数值求解

接下来进行该问题的数值求解。

（1）对梁区域进行离散化。在图4.2所示建立的直角坐标系中，沿 x 轴将梁离散为 n 个小段，即有 $n+1$ 个节点（包括端点）。记各个节点的坐标为 $x_i = ih$ $(i = 0, 1, \cdots, n)$，h 表示空间步长，即 $h = L/n$。各个离散节点上的未知变量为梁的挠度 w_i，共 $n+1$ 个。

（2）把定解问题的微分方程转换成差分方程。利用不同阶导数的有限差分公式，可以给出微分方程（4.1）相应的差分方程：

$$EI \frac{w_{i+2} - 4w_{i+1} + 6w_i - 4w_{i-1} + w_{i-2}}{h^4} = q - kw_i \quad (i = 2, 3, \cdots, n-2) \tag{4.8}$$

根据上述设定的未知变量，其个数为 $n+1$，而方程组（4.8）共 $n-3$ 个方程，变量个数大于方程个数。因此，还需要根据边界条件补充相应的差分方程。

（3）把边界条件转换成边界处的差分方程。由边界条件（4.2）可知，在简支梁端部处位移为零，则对应挠度直接等于零，即：

$$w_0 = 0, \ w_n = 0 \tag{4.9}$$

另外，根据简支梁的端部弯矩为零的条件，容易得到对应于两个端点处的挠度二阶导数为零。

需要注意的是，两个端点处的挠度二阶导数的有限差分公式表示需要用到周边其他节点的挠度信息。接下来，我们给出相应的有限差分方程推导过程。

在梁的左端点（即 $x_0 = 0$），挠度二阶导数可以基于 Taylor 级数展开。分别将节点 x_1 和 x_2 处的挠度在 x_0 处展开，即：

$$w_1 = w_0 + h \frac{dw}{dx}\bigg|_0 + \frac{h^2}{2!} \frac{d^2w}{dx^2}\bigg|_0 + \frac{h^3}{3!} \frac{d^3w}{dx^3}\bigg|_0 \cdots \tag{4.10}$$

$$w_2 = w_0 + 2h \frac{dw}{dx}\bigg|_0 + \frac{4h^2}{2!} \frac{d^2w}{dx^2}\bigg|_0 + \frac{8h^3}{3!} \frac{d^3w}{dx^3}\bigg|_0 \cdots \tag{4.11}$$

由（4.11）－（4.10）×2 可得：

$$w_2 - 2w_1 = -w_0 + h^2 \frac{d^2w}{dx^2}\bigg|_0 + h^3 \frac{d^3w}{dx^3}\bigg|_0 \cdots \tag{4.12}$$

进一步有：

$$\frac{d^2w}{dx^2}\bigg|_0 = \frac{w_2 - 2w_1 + w_0}{h^2} + O(h) \tag{4.13}$$

根据左端点二阶导数等于零的条件（即 $\frac{d^2w}{dx^2}\bigg|_0 = 0$），省略 h 高阶项，便可得到：

$$w_2 - 2w_1 + w_0 = 0 \tag{4.14}$$

同理，对于右端点（$x_n = L$），将临近两点 x_{n-1}，x_{n-2} 处的挠度均在 x_n 处展开，即：

$$w_{n-1} = w_n - h \frac{dw}{dx}\bigg|_{x_n} + \frac{h^2}{2!} \frac{d^2w}{dx^2}\bigg|_{x_n} - \cdots \tag{4.15}$$

$$w_{n-2} = w_n - 2h \frac{dw}{dx}\bigg|_{x_n} + \frac{4h^2}{2!} \frac{d^2w}{dx^2}\bigg|_{x_n} - \cdots \tag{4.16}$$

由以上两式易得：

$$w_n - 2w_{n-1} + w_{n-2} = 0 \tag{4.17}$$

综上所述，基于边界条件获得了左右两个边界处的4个差分方程，即（4.9）式、（4.14）式和（4.17）式。

（4）组装形成整体差分方程组。方程组（4.8）有 $n-3$ 个差分方程，与4个边界差分方程共构成 $n+1$ 个方程，与节点处的未知数目相同。联立这些方程，可以组成整体的差分方程组。可以发现：其中的 w_0 和 w_n 已知，因此未知的挠度值共 $n-1$ 个。若去掉端部挠度已知的2个方程，剩余的方程个数也是 $n-1$ 个，这一方程组是封闭的，同时不难证明该方程组的系数矩阵是满秩的，因此通过求解该方程组即可得到节点上的挠度值。

（5）数值求解获得结果。根据线性方程的相关理论和数值求解线性代数方程的算法，很容易获得整体差分方程组的解。本书提供了用于求解线性代数方程组的 MATLAB 程序代码，读者可以扫描附录2中的二维码获取。

一般地，在获得了问题的数值解结果后，需要检验计算结果的准确性，可通过与精确解的对比进行评估。最为简单的一种评估，就是判断当步长逐渐减小即节点数逐渐增加时，数值解与精确解之间的差距是否在逐渐减小。图4.3给出了梁弯曲挠度随梁上划分网格数 n 的变化关系。

从图4.3可以看出：随着网格间距 h 的减小（或 n 的增加），计算所得的梁的挠度越来越接近解析解；当 $n=300$ 时，梁的各点处的挠度数值解几乎与解析解完全吻合。另外，通过数值解与解析解的对比还可以看出，当网格间距较大或节点数较少时，数值解结果与解析解结果相差较大，随着网格间距减小，其数值结果与解析解结果差别也在减小，这说明随着节点数的增加，其数值计算结果逐渐收敛到问题的精确解。

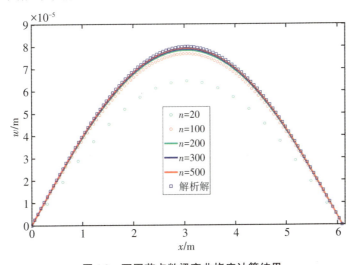

图4.3　不同节点数梁弯曲挠度计算结果

利用挠度与其他力学量间的关系，可以获得梁内的应力、应变、弯矩等。如根据梁的弯矩与挠度的二阶导数成正比，即 $M=-EI\dfrac{\mathrm{d}^2 w}{\mathrm{d}x^2}$，利用有限差分公式，可以计算给定节点 i 上梁的弯矩为：

$$M_i = -EI\frac{w_{i+1}-2w_i+w_{i-1}}{2h} \quad (i=1,2,\cdots,n-1) \tag{4.18}$$

图4.4给出梁上各个节点处的弯矩数值解，并与解析解进行了对比。可以看出，随着网格节点数的增加，所得数值解逐步逼近弯矩的解析解。

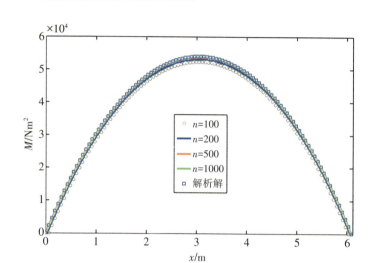

图4.4　不同节点数时地基梁弯矩的数值解与解析解比较

至此，运用有限差分法数值求解地基梁挠度的过程就完成了，所得结果均与解析精确解吻合良好，体现了有限差分法数值求解该力学问题的有效性。

4.2.4　结果分析及讨论

根据上述计算的地基梁的挠度来评估村民建造的房屋的安全性。在土木工程建造过程中，民用建筑地基梁的最大挠度应符合一系列规范。《混凝土建构设计规范》（GB 50010—2010，2015年版）3.4.3条提到，混凝土梁最大挠度与梁的状态有关，无裂缝的梁最大挠度不超过跨长的1/200；《建筑地基基础设计规范》（GB 50007—2011）5.3.4条对建筑物地基允许变形做了规定，建筑物建构、地基性质等不同，地基允许变形也不同，最大允许变形为跨长的1/200，最小允许变形为跨长的0.0007，单层排架结构（柱距为6 m）柱基的沉降量不能超过120 mm。

该地基梁是混凝土地基梁，跨长为6.09 m，根据上述规范要求，该梁的最大挠度不能超过6.09×0.0007 m=0.004263 m=4.263 mm。图4.3给出的数值解计算结果以及解析解结果显示梁的最大挠度都不超过0.08 mm，即远远小于建筑规范中关于地基梁最大挠度的要求，可以认为该地基梁是安全的。当然这里只是从建筑规范的角度对地基梁进行评估，除此之外，还应考虑舒适性等，读者可以根据更多要求逐一评估。

接下来，讨论该地基梁差分格式的相关内容。如前所述，在给出差分方程（4.8）时，特别强调了这里的差分方程只对$i=2, 3, \cdots, n-2$（共$n-3$点）满足，是因为未知变量最左端是w_0，最右端是w_n，而差分方程（4.8）中挠度w最小脚标为$i-2$，最大脚标为$i+2$，当$2 \leqslant i \leqslant n-2$时为保证差分方程（4.8）中的挠度都在定义中，因此差分方程在$i=1$点不成立。那么差分方程能不能在$i=1$点也满足呢？为了回答这个问题，接下来介绍虚拟节点。

在梁的区域外，在梁的轴线向左延长线上布置一个节点，这个节点称作虚拟节点。按照相同的思路，命名该节点号为-1，那么该节点对应的挠度便是w_{-1}。这样，当$i=1$时，（4.8）对应的方程为：

$$EI \frac{w_3 - 4w_2 + 6w_1 - 4w_0 + w_{-1}}{h^4} = q - kw_1 \tag{4.19}$$

方程（4.19）便是节点$i=1$的差分方程，也就是说，在引进虚拟节点的情况下，差分方程在$i=1$点也可以得到满足。

所以虚拟节点是设置在定解问题定义域外的一些点，为了满足差分方程个数的扩展、差分边界的处理而设置的。因为虚拟节点上函数的值没有任何意义，因此称这样的节点为虚拟节点。

为了便于编写程序代码，一般情况下，按照定义域内的离散距离将虚拟节点布置在等距离边界节点外。虚拟节点的个数一般由差分方程与差分边界的要求而定，设置虚拟节点，必须增加相应的方程数目，同时改变差分格式。下面仍然以梁弯曲问题为例，展示虚拟节点的布置，以及确定虚拟节点个数和相应的差分格式。为了更清楚地显示虚拟节点的布置及其作用与不布置虚拟节点的差别，这里以均布载荷作用下的两端简支梁弯曲为例。

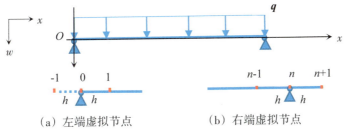

（a）左端虚拟节点　　　　　　（b）右端虚拟节点

图4.5　两端简支等截面等刚度梁

如图4.5所示，沿梁的轴线方向建立x轴，沿垂直向下方向建立w轴，x轴和w轴交于梁的左端点O。用有限差分法求解梁的挠度时，先将定义域离散，将梁从左至右离散成点集$\{x_i\}$（$i=0,1,\cdots,n$），并在左端点外和右端点外各布置1个虚拟节点，分别为-1和$n+1$，-1和0的间距、n和$n+1$的间距为h；然后，利用有限差分公式，将梁内部节点i的挠度方程用差分方程代替，则有：

$$\frac{w_{i+2} - 4w_{i+1} + 6w_i - 4w_{i-1} + w_{i-2}}{h^4} = \frac{q}{EI} \tag{4.20}$$

如上所述，梁的内部节点$i=1,2,\cdots,n-1$，对于$i=1$，也就是梁内部的第一个节点，差分方程为：

$$\frac{w_3 - 4w_2 + 6w_1 - 4w_0 + w_{-1}}{h^4} = \frac{q}{EI} \tag{4.21}$$

方程（4.21）中出现了w_{-1}。按照基于Taylor展开构造差分方程的过程不难发现，在梁的左端还有一个节点-1，w_{-1}是这个节点上的函数值。这个节点-1，就是为了满足$i=1$节点处的差分方程而在梁的左端人为布置的节点，称为虚拟节点，如图4.5（a）所示。如此处理，多了1个差分方程，也多了1个未知量w_{-1}。对最后转换成的代数方程组求解时，也可以求解出w_{-1}的值，但是这个值没有物理意义。同理，在梁右端外布置虚拟节点时，在梁的节点$n-1$处也存在同样的情况，即$i=n-1$，差分方程为：

$$\frac{w_{n+1} - 4w_n + 6w_{n-1} - 4w_{n-2} + w_{n-3}}{h^4} = \frac{q}{EI} \tag{4.22}$$

　　方程（4.22）中出现了w_{n+1}，按照同样的方法，根据差分方程构造过程，w_{n+1}相当于在梁的右端之外节点上的函数值，命名该节点为$n+1$，该节点也是一个虚拟节点，其作用与左端虚拟节点的作用相同。这里将虚拟节点–1与梁左端的连线用虚线表示［图4.5（a）］，而虚拟节点$n+1$与梁右端连线用实线表示［图4.5（b）］，这些线同样没有任何物理意义。为了方便区分实体梁和虚拟节点，一般建议虚拟节点与实际节点间的连线用虚线表示。

　　当定解问题的微分方程阶数比较高时，如梁的弯曲问题、板的弯曲问题等，如果利用Taylor展开构造有限差分公式，进一步构造微分方程的差分方程，可更好地将程序代码模块化，更方便编写程序代码，布置虚拟节点更为方便。布置虚拟节点后，差分边界可以包含虚拟节点上的函数值，当然也可以不包含虚拟节点上的函数值，仅用梁内部的节点函数值表示。接下来对比布置虚拟节点与不布置虚拟节点的求解结果。

　　利用有限差分公式将定解问题转换成的差分方程和差分边界，称为差分格式。一个函数的某阶微分的有限差分公式有很多种，这就导致了一个微分方程定解问题的差分格式也有很多种，比如，图4.5所示的梁弯曲问题求解中，可以用虚拟节点的办法构造差分格式，也可以不设置虚拟节点构造差分格式，这样对梁的弯曲问题至少能构造两种差分格式。那么针对同一个问题构造出不同的差分格式，求解的结果是否会有差异呢？按照4.1节中介绍的有限差分法求解力学问题的步骤对上述问题进行数值求解。讨论不同差分格式的求解过程，并对结果进行对比。设梁的长度$L=1$ m，抗弯刚度$EI=8$ kNm^2，$q=15$ kN/m。

　　该问题的定解方程和边界条件为：

$$EI\frac{d^4 w}{dx^4} = q \tag{4.23}$$

$$x = 0:\ w = 0,\ \frac{d^2 w}{dx^2} = 0$$
$$x = L:\ w = 0,\ \frac{d^2 w}{dx^2} = 0 \tag{4.24}$$

　　不布置虚拟节点时，有限差分法数值求解梁挠度与4.2.3所有步骤一样，差分方程如（4.20）所示，在节点$i=2,3,\cdots,n-2$成立。差分边界条件为：

$$w_0 = w_n = 0$$
$$2w_1 - w_2 = 0,\ 2w_{n-1} - w_{n-2} = 0 \tag{4.25}$$

这样得到的关于节点挠度的线性方程组为：

$$\begin{bmatrix} 2 & -1 & & & & & & & & \\ -4 & 6 & -4 & 1 & & & & & & \\ 1 & -4 & 6 & -4 & 1 & & & & & \\ & 1 & -4 & 6 & -4 & 1 & & & & \\ & & & & \cdots & & & & & \\ & & & & \cdots & & & & & \\ & & & & \vdots & & & & & \\ & & & & 1 & -4 & 6 & -4 & 1 & \\ & & & & & 1 & -4 & 6 & -4 & 1 \\ & & & & & & 1 & -4 & 6 & -4 \\ & & & & & & & & -1 & 2 \end{bmatrix} \begin{bmatrix} w_1 \\ w_2 \\ w_3 \\ w_4 \\ \vdots \\ w_{n-4} \\ w_{n-3} \\ w_{n-2} \\ w_{n-1} \end{bmatrix} = \begin{bmatrix} 0 \\ qh^4 \\ qh^4 \\ qh^4 \\ \vdots \\ qh^4 \\ qh^4 \\ qh^4 \\ 0 \end{bmatrix} /EI \tag{4.26}$$

从（4.26）可以看出，系数矩阵是对称的，除了第一、二行以及第 $n-2$ 和 $n-1$ 行外，其他行元素相同，只是行号不同，对应元素的列号在移动。

利用上述给出的求解线性代数方程组的程序，很容易求解方程组（4.26），这里不再赘述。直接给出不同离散节点数时梁的挠度，如图4.6（a）所示。结果显示，随着离散节点数增加，用有限差分法求解的梁挠度的数值解越来越接近。进一步，我们知道梁的弯矩 M 可通过挠度求二阶导数给出，即 $M = -EI\dfrac{\mathrm{d}^2 w}{\mathrm{d}x^2}$，利用有限差分公式，第 i 节点上的弯矩 $M_i = -EI(w_{i+1} - 2w_i + w_{i-1})/h^2$（$i = 1, 2, \cdots, n-1$），梁左右两端弯矩为零，根据求解出的梁挠度数值解，进一步计算出梁弯矩如图4.6（b）所示。

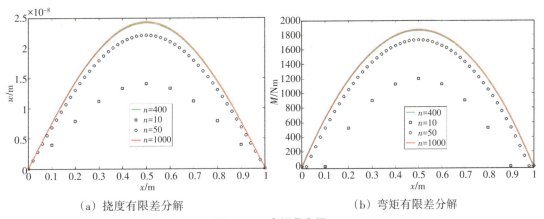

（a）挠度有限差分解　　　　　　　　　（b）弯矩有限差分解

图4.6　无虚拟节点梁

布置虚拟节点时，其求解过程与前面不布置虚拟节点的求解过程一样，差分方程仍为（4.22），不同之处在于，布置虚拟节点后，节点 $i=1$ 和 $i=n-1$ 都满足差分方程（4.22），这样便多了2个方程，同时也多了2个未知变量 w_{-1} 和 w_{n+1}。当我们依然选择差分边界条件（4.25）时，通过布置虚拟节点方法得到的差分格式对应的代数方程组为：

$$
\begin{bmatrix}
2 & -1 & & & & & & & & \\
1 & 6 & -4 & 1 & & & & & & \\
& -4 & 6 & -4 & 1 & & & & & \\
& 1 & -4 & 6 & -4 & 1 & & & & \\
& & & & \cdots & & & & & \\
& & & & \vdots & & & & & \\
& & & & & 1 & -4 & 6 & -4 & 1 \\
& & & & & & 1 & -4 & 6 & -4 \\
& & & & & & & 1 & -4 & 6 & 1 \\
& & & & & & & & -1 & 2 \\
\end{bmatrix}
\begin{bmatrix}
w_{-1} \\ w_1 \\ w_2 \\ w_3 \\ \vdots \\ w_{n-3} \\ w_{n-2} \\ w_{n-1} \\ w_{n+1}
\end{bmatrix}
=
\begin{bmatrix}
0 \\ qh^4 \\ qh^4 \\ qh^4 \\ \vdots \\ qh^4 \\ qh^4 \\ qh^4 \\ 0
\end{bmatrix}
/EI \quad (4.27)
$$

对比（4.26）和（4.27），除第二个方程、倒数第二个方程不一样外，其他方程都是相同的。因为方程（4.27）在节点 $i=1$ 和 $i=n-1$ 都成立，所以方程（4.27）组只有首尾2个方程与其他方程形式不一样，这样更便于编写程序代码。

另外，当布置虚拟节点后，边界上的函数微分也可以用含有虚拟节点的函数值表示，如构造新的差分边界：

$$w_0 = w_n = 0$$
$$w_{-1} + w_1 = 0, \quad w_{n-1} + w_{n+1} = 0 \tag{4.28}$$

当然未知变量仍然为 $\{w_i\}$（$i=-1$，1，2，$\cdots$，$n-1$，$n+1$），这样用差分方程（4.22）和差分边界（4.28）就构造出了另一种布置虚拟节点的梁弯曲问题的差分格式，对应的代数方程组为：

$$
\begin{bmatrix}
1 & 1 & & & & & & & & \\
1 & 6 & -4 & 1 & & & & & & \\
& -4 & 6 & -4 & 1 & & & & & \\
& 1 & -4 & 6 & -4 & 1 & & & & \\
& & & & \cdots & & & & & \\
& & & & \ddots & & & & & \\
& & & & & 1 & -4 & 6 & -4 & 1 \\
& & & & & & 1 & -4 & 6 & -4 \\
& & & & & & & 1 & -4 & 6 & 1 \\
& & & & & & & & 1 & 1
\end{bmatrix}
\begin{bmatrix}
w_{-1} \\ w_1 \\ w_2 \\ w_3 \\ \vdots \\ w_{n-3} \\ w_{n-2} \\ w_{n-1} \\ w_{n+1}
\end{bmatrix}
=
\begin{bmatrix}
0 \\ qh^4 \\ qh^4 \\ qh^4 \\ \vdots \\ qh^4 \\ qh^4 \\ qh^4 \\ 0
\end{bmatrix}
/EI \tag{4.29}
$$

对比（4.26）、（4.27）以及（4.29）发现，针对梁的弯曲问题的不同差分格式仅仅是由于是否布置虚拟节点产生的，因此所导致的差分方程组也仅仅在边界节点附近表现出不同。接下来对比3种差分格式求解梁弯曲问题的数值结果（如图4.7所示）。图4.7（a）是梁的挠度，图4.7（b）是梁的弯矩，图4.7中蓝线是不布置虚拟节点梁的挠度和弯矩数值结果，红线和黄线是布置虚拟节点梁的挠度和弯矩。

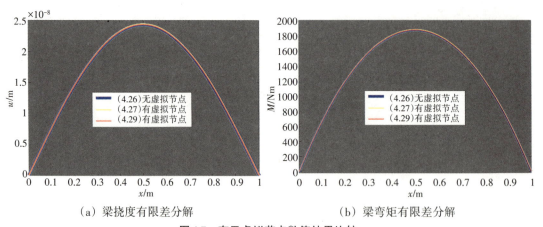

（a）梁挠度有限差分解　　　　　　　（b）梁弯矩有限差分解

图4.7　有无虚拟节点数值结果比较

从图4.7可以看出，在求解梁弯曲问题时，3种不同差分格式数值结果是一致的，而且达到数值结果收敛时定义域所离散的节点数也基本一样，都大约在 $n=1000$ 时达到了收敛。

4.2.5　问题拓展

在实际工程问题中，可能存在众多的复杂梁弯曲问题，比如就梁结构的截面而言，有可能梁截面是非均匀的，或者是非等截面的。下面，针对变截面梁和功能梯度梁的弯曲问题的有限差分法数值求解过程进行简要介绍。

1. 变截面梁的弯曲问题

变截面梁，截面为矩形，宽为 B，长为 $H=H_0+(H_1-H_0)x/L$，如图 4.8 所示，梁长为 L，外载荷为均布荷载 q，利用有限差分法对梁的挠度、应力进行数值求解。

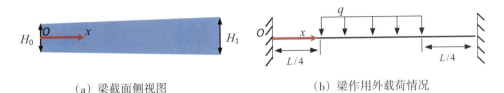

（a）梁截面侧视图　　　　　　　　（b）梁作用外载荷情况

图4.8　受外载荷作用的变截面梁

根据上述信息可知，梁截面长即梁深随 x 线性变化如图 4.8（a）所示，梁的惯性矩沿坐标 x 变化，设为 I，$I=B[H_0+(H_1-H_0)x/L]^3/12$，则梁的挠度方程为：

$$\frac{\mathrm{d}^2}{\mathrm{d}x^2}\left(EI\frac{\mathrm{d}^2w}{\mathrm{d}x^2}\right)=q(x) \tag{4.30}$$

将 I 代入（4.30），进一步化简，有：

$$\frac{\mathrm{d}^2}{\mathrm{d}x^2}\left\{\frac{EB[H_0+(H_1-H_0)x/L]^3}{12}\frac{\mathrm{d}^2w}{\mathrm{d}x^2}\right\}=q \quad (\frac{L}{4}\leqslant x\leqslant\frac{3L}{4})$$

$$\frac{\mathrm{d}^2}{\mathrm{d}x^2}\left\{\frac{EB[H_0+(H_1-H_0)x/L]^3}{12}\frac{\mathrm{d}^2w}{\mathrm{d}x^2}\right\}=0 \quad (0\leqslant x<\frac{L}{4},\ \frac{3L}{4}<x\leqslant L) \tag{4.31}$$

边界条件为：

$$x=0:\ w=0,\ \frac{\mathrm{d}w}{\mathrm{d}x}=0$$

$$x=L:\ w=0,\ \frac{\mathrm{d}w}{\mathrm{d}x}=0 \tag{4.32}$$

然后按照有限差分法求解上述地基梁的过程求解该梁的挠度，只需在差分方程的系数和转角为零的边界做相应的处理，可以用上述代码进行数值求解。

2. 梯度梁弯曲问题的有限差分法求解

如图 4.9 所示，一梯度梁长为 L，受到一局部的均布荷载 q 作用。梁的截面为矩形，长为 H，宽为 B，杨氏模量沿着厚度方向变化，即 $E=E_0(1+y/H)$。

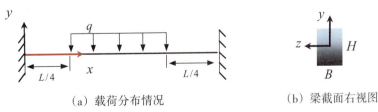

（a）载荷分布情况　　　　　　　　（b）梁截面右视图

图4.9　受分布载荷作用的梯度梁

这里梁的杨氏模量随梁高即 y 方向变化，这样的梁称为功能梯度梁。功能梯度梁因为材料等变化导致截面杨氏模量不均匀。本问题中梁的截面杨氏模量沿 y 轴线性变分，沿 x、

z方向均匀。在线弹性、小变形范围内，将梁仍然视为 Euler–Bernoulli 梁。在建立梁挠度方程时，首先需要计算梁的中轴线位置，即梁截面正应力为0的位置。根据梁施加外载荷情况，梁不受轴力作用，因此：

$$N = \iint \sigma \mathrm{d}y\mathrm{d}z = 0 \tag{4.33}$$

其中，σ 为梁截面正应力，由线弹性假定，$\sigma = E\varepsilon$。考虑梁小变形时应变与挠度的关系仍然满足 $\varepsilon = -y\mathrm{d}^2w/\mathrm{d}x^2$，这样便有：

$$\int_{y_1}^{H+y_1} E_0(1 + y/H)\, y\, \frac{\mathrm{d}^2 w}{\mathrm{d}x^2} = 0 \tag{4.34}$$

由（4.34）可以求解 y_1，即此情形下梁的中轴线位置。进一步地，便可以求梁的截面弯矩 M：

$$M = \iint \sigma y \mathrm{d}y\mathrm{d}z = -B\frac{\mathrm{d}^2 w}{\mathrm{d}x^2} \int_{y_1}^{H+y_1} E_0(1 + y/H)\, y^2 \mathrm{d}y \tag{4.35}$$

根据弯矩与外载荷之间的关系，可得到该梁的挠度方程为：

$$\frac{\mathrm{d}^2 M}{\mathrm{d}x^2} = -B\frac{\mathrm{d}^4 w}{\mathrm{d}x^4} \int_{y_1}^{H+y_1} E_0(1 + y/H)\, y^2 \mathrm{d}y = -q(x) \tag{4.36}$$

因此有：

$$\begin{aligned}
\left[BE_0 \int_{y_1}^{H+y_1}(1 + y/H)y^2\mathrm{d}y \right]\frac{\mathrm{d}^4 w}{\mathrm{d}x^4} = q \quad &(\frac{L}{4} \leqslant x \leqslant \frac{3L}{4}) \\
\left[BE_0 \int_{y_1}^{H+y_1}(1 + y/H)y^2\mathrm{d}y \right]\frac{\mathrm{d}^4 w}{\mathrm{d}x^4} = 0 \quad &(0 \leqslant x < \frac{L}{4},\ \frac{3L}{4} < x \leqslant L)
\end{aligned} \tag{4.37}$$

边界条件与（4.32）相同，这样就可以利用上述有限差分法程序代码求解梯度梁挠度。读者也可以扫描附录2中的二维码查看数值求解结果。

综上所述，只要给出梁的定解方程和边界条件，都可以利用有限差分法数值求解梁的弯曲问题，数值求解过程和步骤与4.2.3相同。那么，针对同一个问题的所有差分格式求解过程是否都如同梁弯曲问题求解一样，差分格式的方程只在边界节点附近不同，解算过程相同吗？为了回答这个问题，接下来利用有限差分法求解板弯曲问题，针对两种不同的格式，对比求解过程和解算结果。

4.3　数值实验2：薄板弯曲问题

当定解问题的微分方程阶数较低，利用有限差分法进行数值求解时，微分方程转换的代数方程组，其系数矩阵较为简单，每一行的非零元素很少。当微分方程阶数较高，利用有限差分法数值求解时，相应的代数方程组的系数矩阵相对比较复杂，因为函数的高阶微分的有限差分公式需要更多点的函数值表达，体现在差分方程的项数增加，因此代数方程组系数矩阵的非零元素减小，这样就会增加编写程序代码的工作量。另外，组装系数矩阵需要非常细心，应避免组装系数矩阵出错而最终导致求解结果不正确。本节针对薄板弯曲问题，利用有限差分法进行数值求解，演示二变量高阶微分方程不同差分格式的代数方程组系数矩阵组装、数值求解代码编写、解算过程、数值解算结果以及注意事项。

4.3.1 问题描述

2008年1月，我国南方地区遭遇了历史罕见的大范围低温冰雪灾害，部分省市供水供电系统瘫痪，农作物大面积冻死，交通受阻，大片厂房和基建设施倒塌损毁，直接经济损失超过1500亿人民币，给人民群众的人身和财产带来了极大的损害。此次灾害已经被列入世界重大典型的极端恶劣天气事件。2018年1月4日上午9时许，安徽省合肥市望江路卫岗公交车站及其以西的多个公交车站被积雪压倒，图4.10为倒塌的公交车站。

图4.10 公交车站倒塌现场图

4.3.2 建立数学模型

首先分析该问题。从图4.10可以看出，公交车候车厅结构比较简单，候车厅顶棚是一块加劲板。正常情况下，该加劲板支在两个立柱上呈悬臂型，面向公路一侧板的伸出部分多，这样可以起到遮雨雪等作用。在持续的降雪情况下，雪在候车厅顶棚板面上堆积，在雪荷载作用下候车厅顶棚板发生弯曲，最终导致公交车候车厅坍塌。当然该候车厅的坍塌还需要考虑顶棚板面在雪荷载作用下的弯曲、立柱与板面连接处在雪荷载作用下的力学变形等，分析其坍塌需要考虑整个候车厅结构在顶棚雪荷载作用下的力学变形。

为了清晰地介绍有限差分法求解含高阶微分方程的二维问题的主要过程，需要对该力学问题进行简化。这里只分析顶棚板材在雪荷载作用下的弯曲，并将边界条件假设为四边简支。板的边长分别为 $a=4$ m 和 $b=6$ m，厚 $t=20$ cm，杨氏模量 $E=80$ GPa，泊松比 $\mu=0.25$，板上表面作用均布载荷 $q=15$ kN/m^2，如图4.11所示，利用有限差分法数值求解板的挠度，并评估其安全性。

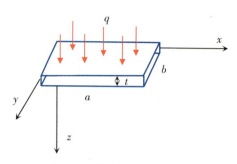

图4.11 四边简支矩形薄板

首先建立该问题的数学模型。经过上述的介绍可知，该问题最终简化成了矩形薄板在横向荷载作用下的弯曲问题。设薄板的挠度为w，则根据板壳理论不难给出挠度的控制方程：

$$D\nabla^4 w = q, D = \frac{Et^3}{12(1-\mu^2)} \tag{4.38}$$

边界条件为：

$$\begin{aligned}
x = 0, x = a: w = 0, w_{xx} = 0 \\
y = 0, y = a: w = 0, w_{yy} = 0
\end{aligned} \tag{4.39}$$

4.3.3 数值求解

（1）对问题的定义域进行离散化，离散求解域为点集$\{x_i, y_j\}$（$i=1, 2, \cdots, n+1$；$j=1, 2, \cdots, m+1$），$x_i=(i-1)h_x$，$y_j=(j-1)h_y$，其中$h_x=a/n$，$h_y=b/m$。

（2）利用二变量函数对单个变量四阶偏微分以及对x、y的双二阶混合微分的有限差分公式，将定解问题微分方程（4.38）转换成差分方程组：

$$\frac{w_{i+2,j} - 4w_{i+1,j} + 6w_{i,j} - 4w_{i-1,j} + w_{i-2,j}}{h_x^4} + \frac{w_{i,j+2} - 4w_{i,j+1} + 6w_{i,j} - 4w_{i,j-1} + w_{i,j-2}}{h_y^4} +$$

$$2\frac{w_{i+1,j+1} + w_{i-1,j+1} + w_{i+1,j-1} + w_{i-1,j-1} - 2(w_{i,j+1} + w_{i+1,j} + w_{i-1,j} + w_{i,j-1}) + 4w_{i,j}}{h_x^2 h_y^2}$$

$$= \frac{q}{D} \; (i = 3, 4, \cdots, n-1; \; j = 3, 4, \cdots, m-1) \tag{4.40}$$

（3）利用二变量函数对x、y各一阶混合微分的有限差分公式，将定解问题边界条件（4.39）转换成差分边界：

$$\begin{aligned}
w_{1,j} = w_{n+1,j} = 0 \; (j = 1, 2, \cdots, m+1) \\
w_{i,1} = w_{i,m+1} = 0 \; (i = 1, 2, \cdots, n+1) \\
w_{3,j} - 2w_{2,j} = 0, w_{n-1,j} - 2w_{n,j} = 0 \; (j = 1, 2, \cdots, m+1) \\
w_{i,3} - 2w_{i,2} = 0, w_{i,m-1} - 2w_{i,m} = 0 \; (i = 1, 2, \cdots, n+1)
\end{aligned} \tag{4.41}$$

（4）将差分方程和差分边界的代数方程组合并组装，形成以节点函数值为未知变量的代数方程组。根据方程（4.41）的前两组方程可知，边界上的挠度都等于零，即边界上挠度值已知，因此未知变量为 $\{w_{i,j}\}$（$i = 2$，$\cdots$，n；$j = 2$，$\cdots$，m），共有（$n-1$）（$m-1$）个变量，而差分方程有（$n-3$）（$m-3$）个。因为边界节点的挠度值已知，所以方程（4.41）的后两组方程分别在 $j=1$、$m+1$ 和 $i=1$、$n+1$ 自动满足，差分边界方程有 $2(n-1)+2(m-1)$ 个，方程总共有（$n-3$）（$m-3$）$+2(n-1)+2(m-1)=(n-1)(m-1)+4$ 个，比未知数多 4 个方程，说明代数方程组中有多余约束，即多余方程。通常这样的约束都会出现在边界条件的处理上，因此要从差分边界来找到这些方程或多余约束。

一般情况下，多余约束会发生在边界交点附近，满足不同方向的微分条件。因为函数的微分利用差分公式逼近，在同一节点会出现几个不同方程同时约束或者相同方程多次约束的情况，从而产生多余约束。接下来分析该问题中多余方程产生的原因。在点 $\{x_1$，$y_2\}$ 要满足挠度对 x 的二阶导数为零，有 $w_{3,2} - 2w_{2,2} = 0$，在点 $\{x_2$，$y_1\}$ 要满足挠度对 y 的二阶导数为零，有 $w_{2,3} - 2w_{2,2} = 0$。为了满足这两个条件，同时用到了 $\{x_2$，$y_2\}$ 点上的函数值，因此进一步可导出 $w_{2,3} = w_{2,3}$，相当于多了 1 个方程。同理，利用 $\{x_1$，$y_m\}$ 和 $\{x_2$，$y_{m+1}\}$、$\{x_n$，$y_1\}$ 和 $\{x_{n+1}$，$y_2\}$，以及 $\{x_{n+1}$，$y_m\}$ 和 $\{x_n$，$y_{m+1}\}$ 可以找到另外 3 个多余约束，即 $w_{3,m} = w_{2,m-1}$，$w_{n,3} = w_{n-1,2}$，$w_{n,m-1} = w_{n-1,m}$。因此，在组织方程组时，要去掉多余约束。实际操作过程中，需要舍弃一个方程，以点 $\{x_1$，$y_2\}$ 和 $\{x_2$，$y_1\}$ 为例，整合代数方程组时，需要舍弃差分边界方程 $w_{3,2} - 2w_{2,2} = 0$ 或者 $w_{2,3} - 2w_{2,2} = 0$；同理在点 $\{x_1$，$y_m\}$ 和 $\{x_2$，$y_{m+1}\}$、点 $\{x_n$，$y_1\}$ 和 $\{x_{n+1}$，$y_2\}$，以及点 $\{x_{n+1}$，$y_m\}$ 和 $\{x_n$，$y_{m+1}\}$ 同样需要各舍弃一个代数方程，这样最终的方程个数与未知量的个数相等，经过检验该方程组满秩。

（5）对上述代数方程组进行数值求解并对数值结果进行评估。将该问题中实际参数代入计算系数矩阵元素和常数项元素，利用 2.5 节求解线性代数方程组的 MATLAB 代码便可求解板挠度，但是薄板挠度方程涉及挠度对 x 和 y 各四阶偏导数以及挠度对 x、y 双二阶混合偏导数，因此由差分格式构成的方程组的系数矩阵比较复杂，系数矩阵的组装比较困难。读者也可以扫描附录 2 中的二维码查看求解薄板挠度的 MATLAB 程序代码（该代码以 y 方向即 j 变量为主元），利用该程序对薄板挠度进行数值求解。

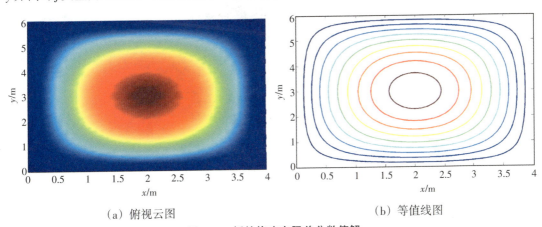

（a）俯视云图　　　　　　　　　　　　（b）等值线图

图 4.12　板的挠度有限差分数值解

薄板挠度数值结果如图 4.12 所示，图 4.12（a）是板挠度的俯视云图，在 MATLAB 中用 surface(y，x，w) 命令可以绘制俯视云图，图中从红色到蓝色，表示挠度逐渐减小，可见挠度是对称的，且挠度在板中心最大，板四周挠度为零，因此可以判断该求解结果有一定的可信度。用 contour(y, x, w) 命令可绘制板挠度的等值线图如 4.12（b）所示。从等值线图中也可看出，板的挠度是对称的。注意这里的 w 是矩阵，行、列长度分别与 x、y 列向量长度相同。板的云图颜色可以用色棒标注，等值线图中的每条线都代表等大的挠度值，这里为了清楚显示挠度的几何结构，未标注色棒和等值线上的参数，接下来给出薄板挠度数值结果的三维呈现，显示挠度的数值大小。

在 MATLAB 中用 surface(y, x, w) 命令绘图，绘的图是三维图，除了图 4.12（a）显示出的挠度俯视云图外，还可以显示板离散点上每个点的挠度值，如图 4.13 所示，这样可以更直观地显示板中不同位置的挠度大小。图 4.13 给出了定义域离散 $n=40$、$m=60$ 时，薄板挠度值结果，在评估定义域离散不同节点数对板挠度值结果的影响时，因为将不同离散点情形下板挠度值画在同一个三维图中，同一节点上板挠度值结果较小值会被较大值遮挡而无法显示，因此三维图一般很难直观地反映数值结果随离散点变化的规律。一般评估该问题中数值结果随离散点集数的变化时，需要做一些处理，比如取一些特殊线或者点，然后对比这些点或者线数值结果随离散点数的变化。如图 4.14 所示，对比板对称轴线 $y=b/2$ 上的挠度值随离散点数的变化，分别为 $n=120$、$m=140$，$n=100$、$m=120$，$n=80$、$m=120$ 以及 $n=40$、$m=60$。这样很容易看出定义域离散不同点数时板上 $y=b/2$ 这条线上的挠度变化情况。从图 4.14 很容易看出板挠度受离散点数影响比较显著，随着离散点数增加，挠度值越来越接近，可以认为当板定义域两个方向离散 $n=120$、$m=140$ 时，板挠度的数值结果是精确的。当然如第二章所述，评估数值结果的最好办法是将数值结果与解析解进行比较，幸运的是，该问题恰好有解析解，将在 4.3.5 节中一并介绍。

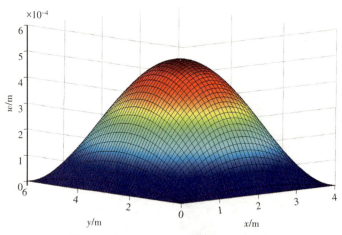

图4.13　板挠度有限差分数值结果三维图

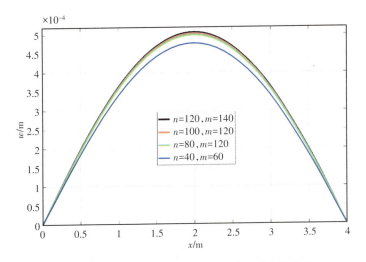

图4.14　不同离散点$y=b/2$板的挠度有限差分数值解

4.3.4　结果分析与讨论

在薄板弯曲理论中，薄板的挠度是求解板应力、应变等其他力学量的关键，在获得板挠度的数值解后，根据板内其他力学量与挠度间的关系，便可进一步计算这些力学量，下面回顾了板中各力学量即正应变ε、剪应变γ、正应力σ、剪应力τ、剪力Q以及弯矩M（脚标表示方向）与挠度间的关系：

$$\varepsilon_x = -z\frac{\partial^2 w}{\partial x^2}, \quad \varepsilon_y = -z\frac{\partial^2 w}{\partial y^2}, \quad \gamma_{xy} = -2z\frac{\partial^2 w}{\partial x \partial y}$$

$$\sigma_x = \frac{-Ez}{1-\mu^2}\left(\frac{\partial^2 w}{\partial x^2} + \mu\frac{\partial^2 w}{\partial y^2}\right), \quad \sigma_y = \frac{-Ez}{1-\mu^2}\left(\frac{\partial^2 w}{\partial y^2} + \mu\frac{\partial^2 w}{\partial x^2}\right), \quad \tau_{xy} = \frac{-Ez}{1+\mu}\frac{\partial^2 w}{\partial x \partial y}$$

$$M_x = -D\left(\frac{\partial^2 w}{\partial x^2} + \mu\frac{\partial^2 w}{\partial y^2}\right), \quad M_y = -D\left(\mu\frac{\partial^2 w}{\partial x^2} + \frac{\partial^2 w}{\partial y^2}\right), \quad M_{xy} = -D(1-\mu)\frac{\partial^2 w}{\partial x \partial y} \quad (4.42)$$

$$Q_x = -D\frac{\partial}{\partial x}\left(\frac{\partial^2 w}{\partial x^2} + \frac{\partial^2 w}{\partial y^2}\right), \quad Q_y = -D\frac{\partial}{\partial y}\left(\frac{\partial^2 w}{\partial x^2} + \frac{\partial^2 w}{\partial y^2}\right)$$

$$\tau_{xz} = \frac{E(z^2 - t^2/4)}{2(1-\mu^2)}\left(\frac{\partial^3 w}{\partial x^3} + \frac{\partial^3 w}{\partial y^2 \partial x}\right), \quad \tau_{yz} = \frac{E(z^2 - t^2/4)}{2(1-\mu^2)}\left(\frac{\partial^3 w}{\partial y^3} + \frac{\partial^3 w}{\partial x^2 \partial y}\right)$$

通过式（4.42）可以发现，三个主要应力/应变分量是z的奇函数，两个次要剪应力是z的偶函数。除此之外，所有这些力学量都与板挠度有关，是板挠度对于空间坐标的不同阶偏微分，因此利用有限差分公式，便可以计算离散点上式（4.42）所示的力学量。比如板内x方向的弯矩的有限差分公式为：

$$M_{xi,j} = -D\left(\frac{w_{i-1,j} - 2w_{i,j} + w_{i+1,j}}{h_x^2} + \mu\frac{w_{i,j-1} - 2w_{i,j} + w_{i,j+1}}{h_y^2}\right) \quad (4.43)$$

利用数值计算得到离散点上的挠度值，代入（4.43）便可计算板内离散点上x方向的弯矩，结合边界条件，将线 $y=b/2$ 处板内 x 方向的弯矩绘图（如图4.15所示）。从图4.15可以看出，板内 x 方向上弯矩数值结果随离散节点数不同而不同，且在 $n=120$、$m=140$ 时基本达到收敛。

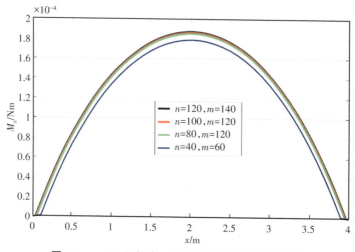

图4.15　$y=b/2$ 处板内 x 方向的弯矩有限差分数值解

这里只介绍了通过离散点上挠度数值结果计算板内弯矩过程，其他力学量的计算和分析只需利用公式（4.42）导出相应的差分公式，将相应的离散点上挠度的数值结果代入便可求得相应力学量在离散点上的值。

在计算得到板中各力学量在离散点上的数值结果后，如果需要进一步计算或者获取不在离散点上的力学量，可以利用数值插值公式计算。

这样便完成了利用有限差分法求解薄板弯曲问题的所有过程。这个实验项目原本尝试分析公交车候车厅坍塌的原因，因为做了比较多的简化，只计算了顶棚在压力荷载下的弯曲挠度，对板的力学行为进行分析。整个候车厅的力学行为分析，包括立柱、龙骨、顶棚等所有结构在板面雪荷载作用下的力学变形计算，进一步分析各部件的应力等才准确，然后可根据规范与计算结果比较来评估雪荷载对整个结构安全性的影响。

4.3.5　问题拓展

描述薄板弯曲问题，除了方程（4.38）外，还可以以板挠度和弯矩为未知变量建立控制方程：

$$D\nabla^2 w = -M, \quad \nabla^2 M = -q \tag{4.44}$$

其中 $M = \left(M_x + M_y\right)/\left(1+\mu\right)$。这两个方程都是二阶微分方程，比方程（4.38）阶数低，其对应边界条件为：

$$x = 0, \ x = a: \ w = 0; \quad y = 0, \ y = b: \ w = 0$$
$$x = 0, \ x = a: \ M = 0; \quad y = 0, \ y = b: \ M = 0 \tag{4.45}$$

可以通过方程（4.44）、边界条件（4.45）数值求解四边简支板挠度，先求解薄板内弯矩，再通过挠度与弯矩间的方程，进一步求解板挠度，需要求解两个二阶偏微分方程，差分格式如下：

$$\frac{M_{i-1,j} - 2M_{i,j} + M_{i+1,j}}{h_x^2} + \frac{M_{i,j-1} - 2M_{i,j} + M_{i,j+1}}{h_y^2} = -q_{i,j}$$

$$(i = 2, \cdots, n, j = 2, \cdots, m)$$

$$\frac{w_{i-1,j} - 2w_{i,j} + w_{i+1,j}}{h_x^2} + \frac{w_{i,j-1} - 2w_{i,j} + w_{i,j+1}}{h_y^2} = -M_{i,j}/D \qquad (4.46)$$

$$(i = 2, \cdots, n, j = 2, \cdots, m)$$

$$w_{1,j} = w_{n+1,j} = 0, M_{1,j} = M_{n+1,j} = 0 \quad (j = 1, 2, \cdots, m+1)$$

$$w_{i,1} = w_{i,m+1} = 0, M_{i,1} = M_{i,m+1} = 0 \quad (i = 1, 2, \cdots, n+1)$$

差分方程（4.46）的系数矩阵相对简单，因此程序代码的编写也比较容易。读者可自行编写程序代码，也可以扫描附录2中的二维码获取程序代码，然后进行数值计算。图4.16显示了不同离散点数下$y=b/2$处的板挠度，可以发现，差分格式（4.46）收敛性很好，即便节点数很少如$n=10$、$m=16$时板挠度的数值计算结果与$n=40$、$m=60$时板挠度的数值计算结果相差很小。这里也将两种控制方程的有限差分数值解结果进行比较（如图4.17所示），图中显示了板$y=b/2$处挠度。由图4.17可以看出，在相同节点数的情况下，两种方程的有限差分数值计算结果有一定差别，特别是在板中心差别最大。至于哪一个解更精确，还需要进一步验证。

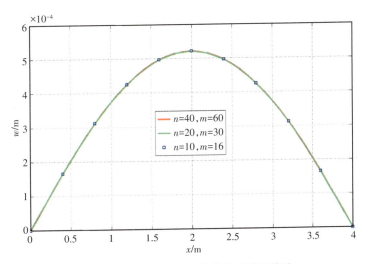

图4.16 利用方程（4.46）数值求解板挠度

徐芝纶的《弹性力学简明教程》给出了该问题的解析解：

$$w = \frac{16q}{D\pi^6} \sum_{i=1}^{\infty} \sum_{j=1}^{\infty} \frac{\sin(i\pi x/a)\sin(j\pi y/b)}{ij\left[(i/a)^2 + (j/b)^2\right]^2} \qquad (4.47)$$

其中i、j均为奇数。将该问题的解析解也绘制于图4.17中，评估数值结果。从图4.17可知，两套方程数值求解的板挠度都可以逼近解析解，但是第二套方程即（4.46）在离散较少点如$n=40$、$m=60$时数值解基本与解析解一致，而第一套方程在离散点$n=120$、$m=180$

时数值解还没有完全收敛，与解析解还有一定的差别，特别是板中心位置处。读者可自行计算离散更多节点的数值结果。

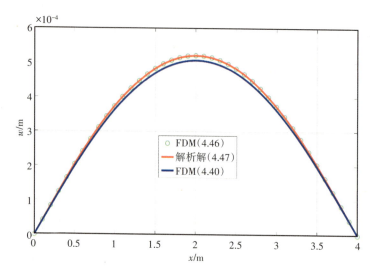

图4.17　利用两套方程求解的板挠度数值解和解析解

注：方程组（4.46）中n=40、m=60，方程组（4.40）中n=120、m=180。

同样，在利用有限差分法数值求解方程（4.46）得到板内挠度的数值结果后也可以进一步求板内的各力学量。与第一种方法一样，这里不再赘述板中各力学量的求解，也不再展示数值结果。尽管方程（4.44）微分阶算降低了，但是当板边界不是简支时，方程（4.46）不再能解耦求解，这样求解方程（4.46）可能不会比求解方程（4.40）简便，读者可自行计算并做出评估和判定。

以上在利用方程（4.46）求解板挠度时，弯矩为零的边界条件转化成差分边界时，需要选用板内部节点挠度值来表示，造成差分边界模块化程度不高。由4.2节可知，遇到这样的情况，可以通过虚拟节点使差分方程在定义域内更多节点上得到满足，板弯曲问题的虚拟节点布置可以处理为如图4.18所示的情况。

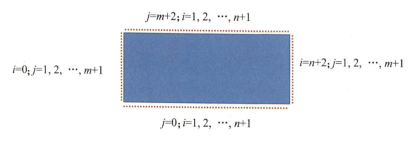

图4.18　薄板四边虚拟节点及其标号

进一步差分边界可以写成：

$$w_{1,j} = w_{n+1,j} = 0 \quad (j = 1, 2, \cdots, m+1)$$
$$w_{i,1} = w_{i,m+1} = 0 \quad (i = 1, 2, \cdots, n+1)$$
$$w_{0,j} + w_{1,j} = 0, \ w_{n,j} + w_{n+2,j} = 0 \quad (j = 1, 2, \cdots, m+1) \tag{4.48}$$
$$w_{i,0} + w_{i,1} = 0, \ w_{i,m} + w_{i,m+2} = 0 \quad (i = 1, 2, \cdots, n+1)$$

同时 $i=2$ 和 $i=n$，$j=2$，3，$\cdots$，m，以及 $j=2$ 和 m，$i=2$，3，$\cdots$，n，共 $2(n+m-2)$ 个离散点上的差分方程可以用式（4.40）给出，因为边界挠度值已知，通过四个角点弯矩为零条件，虚拟节点 $w_{0,1}$、$w_{1,0}$、$w_{n+1,0}$、$w_{n+2,1}$、$w_{n+2,m+1}$、$w_{n+1,m+2}$、$w_{1,m+2}$ 和 $w_{0,m+1}$ 均为零，这样未知变量增加 $2(n+m-2)$ 个，便可以用虚拟节点的方法求解板挠度。相对来讲，利用虚拟节点法处理差分边界更容易些。

4.4　数值实验3：一维瞬态热传导问题

4.4.1　问题描述

通常在液氮温度（77 K）以上超导的材料，称为高温超导体，如 $YBa_2Cu_3O_{7-x}$（简称 YBCO）等，其在能源、国防等领域有着广泛的应用。为了避免高温超导磁体因实际操作过程中的潜在热源，例如缺陷引起的热源，导致高温超导体损坏，了解超导体样品热源导致的温度传播及其温升是高温超导磁体设计和应用的基础。实验中通常将 YBCO 带材放置在基底材料上呈一带状，如图 4.19 所示，在带材上人为给一热源对带材持续加热，测量带材上的温度变化，从而研究 YBCO 带材的温度变化及其引起的超导失超行为等。

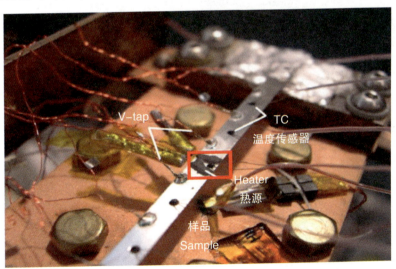

图 4.19　YBCO 带材在点热源加热下热传播实验测量平台

在 YBCO 带材热传导模拟过程中，需要考虑基底等材料和温度沿带材宽度方向的传导等，往往将该问题假设成二维多层结构的热传导问题。为了演示有限差分法数值求解热传导问题的实现过程，让更多的读者可以学习和参考，这里将该问题进一步假设成一维均匀等截面圆杆热传导问题。假设该杆两端持续加热，求杆中温度分布。其中加热端温度正弦变化最高温度为28 ℃，其随时间变化值为25+3 sin t，杆长为5 m，传热系数为a^2=2.89，初始温度为25 ℃，如图4.20所示。

图4.20　两端加热的杆

4.3.2　建立数学模型

通过上述描述可知，该问题中温度沿杆随时间变化，沿杆轴线向右建立x轴，杆左端为坐标原点O。假设$U(x,t)$为杆内温度，则该问题的控制方程和边界条件为：

$$\begin{cases} \dfrac{\partial U}{\partial t} - a^2 \dfrac{\partial^2 U}{\partial x^2} = 0 & (x \in (0,\,5),\ t > 0) \\ U(x,\,t) = 25 & (t = 0) \\ U(x,\,t) = 25 + 3\sin t & (x = 0) \\ U(x,\,t) = 25 + 3\sin t & (x = 5) \end{cases} \tag{4.49}$$

4.3.3　数值求解

（1）对问题的定义域进行离散。注意这里时间是无限的，没有边界的。在利用数值法求解时，必须根据研究目的事先给出一个研究的时间范围，几秒、几分还是几天等都可以，设时间边界为T。然后将求解域$[0,\,L] \times [0,\,T]$等距离散成点集$(x_i,\,t_j)$（i=0，1，2，$\cdots$，n；j=0，1，2，$\cdots$，m）。x方向和t方向的距离分别h=L/n，τ=T/m，则x_i=ih，t_j=$j\tau$。

（2）利用有限差分公式将定解问题的微分方程转换成差分方程。对时间的微分选择向后差分公式，则微分方程转换成差分方程为：

$$\dfrac{U_{i,j} - U_{i,j-1}}{\tau} - a^2 \dfrac{U_{i+1,j} - 2U_{i,j} + U_{i-1,j}}{h^2} = 0 \quad (i = 1,\,2,\,\cdots,\,n-1;\ j = 1,\,2,\,m) \tag{4.50}$$

（3）利用有限差分公式，将边界条件转换成差分边界条件：

$$U_{i,0} = 25 \quad (i = 0,\,1,\,\cdots,\,n)$$
$$U_{0,j} = 25 + 3\sin t_j \quad (j = 0,\,1,\,\cdots,\,m) \tag{4.51}$$
$$U_{n,j} = 25 + 3\sin t_j \quad (j = 0,\,1,\,\cdots,\,m)$$

（4）将差分方程和差分边界组织方程组，其中未知变量$\{U_{i,j}\}$（i=1，2，$\cdots$，$n-1$；j=1，2，$\cdots$，m），按照j主元排列未知变量，则方程组的矩阵形式为：

$$
\begin{bmatrix}
1+\dfrac{2a^2\tau}{h^2} & -\dfrac{a^2\tau}{h^2} & & & & & & \\
1+\dfrac{2a^2\tau}{h^2} & 1+\dfrac{2a^2\tau}{h^2} & -\dfrac{a^2\tau}{h^2} & & & & & \\
& & -\dfrac{a^2\tau}{h^2} & 1+\dfrac{2a^2\tau}{h^2} & 1+\dfrac{2a^2\tau}{h^2} & & & \\
& & & -\dfrac{a^2\tau}{h^2} & 1+\dfrac{2a^2\tau}{h^2} & & & \\
& & & & & 1+\dfrac{2a^2\tau}{h^2} & -\dfrac{a^2\tau}{h^2} & \\
-1 & & & & & -\dfrac{a^2\tau}{h^2} & 1+\dfrac{2a^2\tau}{h^2} & -\dfrac{a^2\tau}{h^2} \\
& -1 & & & & & &
\end{bmatrix}
\begin{bmatrix}
U_{1,1} \\ U_{2,1} \\ \vdots \\ U_{n-2,1} \\ U_{n-1,1} \\ U_{1,2} \\ U_{2,2} \\ \vdots \\ U_{n-2,2} \\ U_{n-1,2} \\ \vdots \\ U_{1,m} \\ U_{2,m} \\ \vdots \\ U_{n-2,m} \\ U_{n-1,m}
\end{bmatrix}
$$

$$
=
\begin{bmatrix}
25+a^2\tau(25+3\sin(t_1))/h^2 \\
25 \\
\vdots \\
25 \\
25+a^2\tau(25+3\sin(t_1))/h^2 \\
a^2\tau(25+3\sin(t_2))/h^2 \\
0 \\
\vdots \\
0 \\
a^2\tau(25+3\sin(t_2))/h^2 \\
\vdots \\
a^2\tau(25+3\sin(t_m))/h^2 \\
0 \\
\vdots \\
0 \\
a^2\tau(25+3\sin(t_m))/h^2
\end{bmatrix}
\tag{4.52}
$$

方程组的系数矩阵比较复杂，尤其在 $j=1$、$i=1$ 和 $i=n-1$ 的边界附近，系数矩阵和常数项的元素模块化不是太好，要特别注意。因为每一时间步的温度都与上一时间步的温度有关，因此，从 $j=2$ 开始，系数矩阵不再仅仅集中在对角线附近，如式（4.52）所示。按照问题描述中所给的参数，将系数矩阵和常数项填满，然后按照 2.5 节的求解线性代数方程组的程序便可对该问题进行数值求解。该问题是二维问题，方程的个数为 nm，尽管在编写程序代码时，i 从 1 到 n 循环，j 从 1 到 m 循环，这与一维问题没有太多差别，但是系数矩阵和常数项元素的指标与 i、j 以及 n 和 m 都有关系，仍然先循环 i 后循环 j，那么系数矩阵 $\textbf{\textit{A}}$ 和常数项向量 $\textbf{\textit{B}}$ 的元素指标如下：

    for j=1:m

```
for i=1:n
A(i+(j−1)*n,i+(j−1)*n)=dataij          %点(i,j)对应方程U_{i,j}的系数
A(i+(j−1)*n,i+(j−1)*n+1)=dataij2        %点(i,j)对应方程U_{i+1,j}的系数
A(i+(j−1)*n,i+(j−2)*n+1)=dataij3        %点(i,j)对应方程U_{i,j−1}的系数
B(i+(j−1)*n,1)=dataij4                  %点(i,j)对应方程常数项
end
end
```

其中dataij1、dataij2、dataij3和dataij4根据具体问题确定，是具体的数字。

（5）数值求解并对数值结果进行评估。读者利用2.5节给出的求解线性代数方程组的程序或者扫描附录2中的二维码便可求解杆内温度随时间的变化。该问题涉及时间和空间两个维度，因此杆中温度随时间变化用三维图显示更直观，如图4.21所示，这里时间长度T选取了3 s。为了对比不同的节点数（包括时间节点数和空间节点数）数值结果间的差别，展示了杆中点（x=2.5 m）温度解算结果随时间的变化，如图4.22（a）所示，以及时刻t=1.5秒杆中不同点上的温度变化，如图4.22（b）所示。

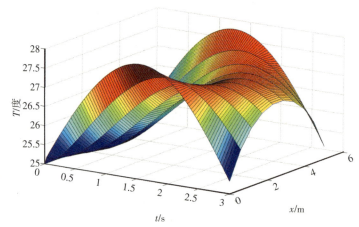

图4.21　杆中温度时空变化有限差分解

注：n=16，m=200。

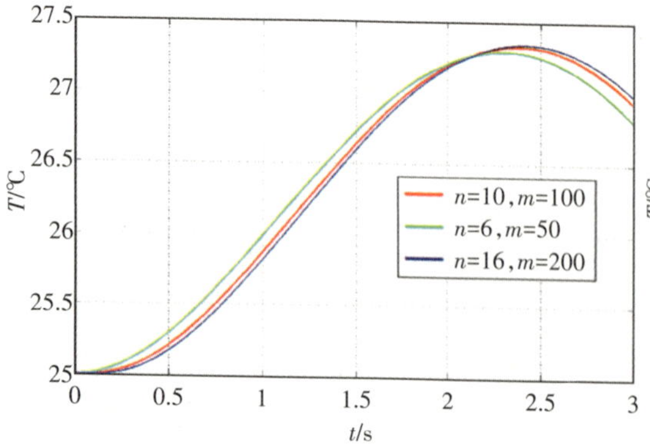

（a）杆中点x=2.5 m处温度随时间的变化 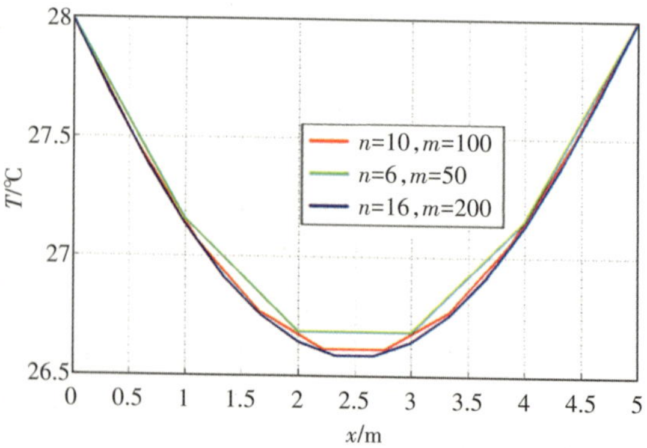　　　（b）t=1.5 s时杆的温度

图4.22　杆的温度变化

根据计算力学教材中有关差分格式的构造，我们知道这里也可以构造该问题的其他差分格式。在上述的数值求解过程中，选择对时间的微分向后差分，当然也可以选对时间的微分向前差分。这样重新构造上述热传导问题的差分格式，则微分方程转换成差分方程为：

$$\frac{U_{i,j+1} - U_{i,j}}{\tau} - a^2 \frac{U_{i+1,j} - 2U_{i,j} + U_{i-1,j}}{h^2} = 0 \quad (i = 1, 2, \cdots, n-1; \ j = 0, 1, 2, m) \quad (4.53)$$

仍然使用式（4.51）给出的差分边界条件，可以得到上述热传导问题的一个新差分格式，这个差分格式进一步可以写成：

$$U_{i,j+1} = \frac{\tau a^2}{h^2} U_{i-1,j} + \left(1 - \frac{2\tau a^2}{h^2}\right)U_{i,j} + \frac{\tau a^2}{h^2} U_{i+1,j} \quad (i = 1, 2, \cdots, n-1; \ j = 0, 1, 2, m)$$

$$U_{i,0} = 25 \quad (i = 0, 1, \cdots, n) \qquad\qquad\qquad (4.54)$$

$$U_{0,j} = 25 + 3\sin t_j \quad (j = 0, 1, \cdots, m)$$

$$U_{n,j} = 25 + 3\sin t_j \quad (j = 0, 1, \cdots, m)$$

当初始时刻和边值上任意时刻的温度给定后，由式（4.54）递推，完全可以决定杆上每一点下一个时刻的温度。也就是说，这种格式在求解杆中温度随时间变化规律时，可由差分格式（4.54）递推求得，不必利用 2.5 节程序求解线性代数方程组。图 4.23 显示了使用后一种差分格式数值求解杆中点处（$x=2.5$ m）随时间的变化。第二种差分格式不用求解线性代数方程组，求解速度快，且简单。同时，对比图 4.22（a）和图 4.23，可以看出第二种差分格式求解的数值结果收敛速度快。可见选择不同格式对于数值解算力学问题是非常重要的。读者也可以将两种差分法的结果放在同一个图里比较，会更加直观地反映用不同差分格式计算该问题的结果差异。

以上是利用有限差分法求解一维杆热传导的过程，尽管该问题相对于 YBCO 带材的热传导问题简化较多，数值结果不能用来评估 YBCO 带材中的热传导规律，但是数值求解的思路是相同的。

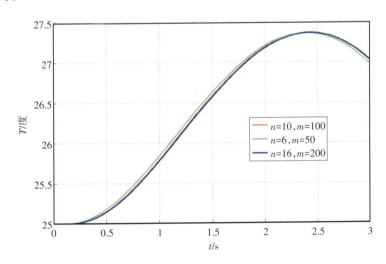

图 4.23　杆中点处（$x=2.5$ m）温度随时间的变化

通过构造不同的差分格式，利用有限差分法数值解算了梁的弯曲问题、薄板弯曲问题和一维瞬态热传导问题。我们发现，由于差分格式不同，将微分方程转换成的代数方程组也不同。不同的差分格式，对于梁弯曲问题，代数方程组只在边界处方程不同，整理成矩阵形式的代数方程，只有少数的系数矩阵的元素发生改变，不同差分格式的计算结果受离散点个数影响很小；对于热传导问题，不同的差分格式，不仅代数方程组变化大，而且针对不同格式，方程组的求解方法也可能会有很大的差别，求解速度和精度也不同。所以在利用有限差分法求解力学问题时，合理选用差分格式对计算过程和计算结果都很关键。

4.5   数值实验4：沙粒运动轨迹

4.5.1   问题描述

沙粒在风的吹蚀下从沙床表面起跳，在空中运动，形成沙尘天气。沙尘天气在我国北方冬春季节非常常见。根据空气中沙粒浓度，沙尘天气可分为浮尘、扬沙、沙尘暴和强沙尘暴天气等。沙粒浓度即沙粒在空中的分布及其时间演化，由沙粒的运动轨迹决定。沙粒运动轨迹是计算输沙量的关键，也是判断沙漠化、荒漠化推进的关键指标。下面利用有限差分法预测沙粒运动轨迹并分析其影响因素。

4.5.2   建立数学模型

将沙粒简化成圆球形，沙粒半径为 R，沙粒密度为 ρ。建立如图4.24所示的坐标系，沿风向为 y 轴，垂直 y 轴向上为 z 轴，垂直 yz 平面为 x 轴，坐标原点建立在沙粒中心。沙粒在运动过程中通常伴随着旋转，其旋转角速度为 Ω，脚标为沿坐标轴的分量。近地表的风速一般为对数风场，假设风向沿 y 方向，风速 $U=u^*\ln(z/z_0)/k$，其中 u^* 为摩阻风速，z_0 为粗糙度，k 为卡门常数（$k=0.4$）。沙粒在风中运动时，由于空气与沙粒的速度差，沙粒会受到空气阻力的作用，即拖曳力（F_D）；由于沙粒旋转，会受到马格努斯（Magnus）力（F_M）；当然沙粒会受到重力（G）作用。另外，实际上风沙运动中沙粒会带有电荷，因此沙粒还受静电力的作用，除此之外，沙粒可能还受到沙夫曼（Saffman）力等的作用。简单起见，这里只考虑拖曳力、Magnus力和重力的作用，沙粒受力示意图如4.25所示。根据理论力学，可以建立如下所示的沙粒轨迹方程：

$$m\frac{\mathrm{d}^2 X}{\mathrm{d}t^2} = F_D + \pi\rho_a\left(\frac{R}{2}\right)^3 \Omega \times V_r - G, \quad X=(x, y, z)$$

$$I\frac{\mathrm{d}\Omega}{\mathrm{d}t} = -8\pi\mu R^3 \Omega \tag{4.55}$$

其中，$m=4\pi\rho R^3/3$，为沙粒的质量；ρ_a 为空气密度，$\rho_a=1.29\ \mathrm{kg/m^3}$；$I$ 是转动惯量，$I=2mR^2/5$。

空气阻力：

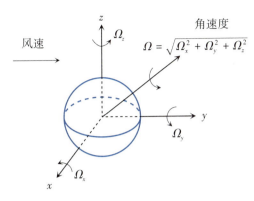 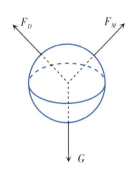

图4.24　旋转沙粒角速度示意图　　图4.25　旋转沙粒受力示意图

$$\boldsymbol{F}_{\mathrm{D}} = \frac{1}{8}\pi\left(2R\right)^2\rho_a C_D V_r \boldsymbol{V}_r \tag{4.56}$$

C_{D}是阻力系数：

$$C_{\mathrm{D}} = 24/Re + 6/(1 + \sqrt{Re}) + 0.4 \tag{4.57}$$

其中，Re是雷诺数，定义为：

$$Re = \frac{2\rho_a R V_r}{\mu} \tag{4.58}$$

$\boldsymbol{V}_r$是沙粒与空气的相对速度，沿x、y以及z分量为 $(\frac{\mathrm{d}x}{\mathrm{d}t}, \frac{\mathrm{d}y}{\mathrm{d}t} - U, \frac{\mathrm{d}z}{\mathrm{d}t})$，$\boldsymbol{V}_r = \sqrt{\left(\frac{\mathrm{d}x}{\mathrm{d}t}\right)^2 + (\frac{\mathrm{d}y}{\mathrm{d}t} - U)^2 + \left(\frac{\mathrm{d}z}{\mathrm{d}t}\right)^2}$，$\mu$是空气黏性系数。给定初始线速度$\frac{\mathrm{d}X}{\mathrm{d}t}$和角速度$\boldsymbol{\varOmega}$：

$$t = 0: X = 0, \frac{\mathrm{d}X}{\mathrm{d}t} = (0, 0, V_0), \boldsymbol{\varOmega} = \boldsymbol{\varOmega}_0 = (\varOmega_{x0}, \varOmega_{y0}, \varOmega_{z0}) \tag{4.59}$$

　　沙粒的运动方程和边界条件都确定了，便可以求解。沙粒运动方程（4.55）是一非线性方程组。由于沙粒受到的风的拖曳力与沙粒速度非线性关联，且沙粒在不同方向的运动位移与其他方向的速度关联，因此很难给出沙粒运动方程的解析解。为此，利用有限差分法数值求解沙粒运动方程，可预测沙粒运动轨迹。

4.5.3　数值求解

　　（1）对问题的定义域进行离散。该问题是一个一维动力学问题，自变量为时间t，函数有6个，分别是沙粒的三个线位移x、y、z和三个角速度$\varOmega_x$、$\varOmega_y$、$\varOmega_z$。时间定义域是无界的，如上所述，必须给定有界的定义域，比如T，求解沙粒在$[0, T]$的运动轨迹。至于T的选取，根据研究者想要研究的时间长短再确定，当然也要考虑问题本身的需要，比如在该问题中，沙粒在风中运动，由于重力的作用最终会掉落在沙床上。沙粒从沙床起跳到再次掉落在沙床的运动路径，称为一个运动轨迹，所用的时间显然是有限的。因此，如果只研究沙粒的一个运动轨迹，T的选取就不能取得太大，只需要几秒。将求解域$[0, T]$等距离散成点集$\{t_i\}$，$t_i = i\tau$，$i = 0, \cdots, n$，步长为$\tau = T/n$，离散点上的函数值为x_i、y_i、z_i、$\varOmega_{x, i}$、$\varOmega_{y, i}$、$\varOmega_{z, i}$，共$6(n+1)$个。

（2）利用有限差分公式，将定解问题的微分方程转换成差分方程。将沙粒运动方程（4.55）写成分量的形式如下：

$$m\frac{\mathrm{d}^2 x}{\mathrm{d}t^2} = -\frac{\mathrm{d}x}{2\mathrm{d}t}\pi R^2 C_D \rho_a \sqrt{\left(\frac{\mathrm{d}x}{\mathrm{d}t}\right)^2 + \left(\frac{\mathrm{d}y}{\mathrm{d}t} - U\right)^2 + \left(\frac{\mathrm{d}z}{\mathrm{d}t}\right)^2} +$$

$$\pi\rho_a R^3\left[\Omega_y\frac{\mathrm{d}z}{\mathrm{d}t} - \Omega_z\left(\frac{\mathrm{d}y}{\mathrm{d}t} - U\right)\right]$$

$$m\frac{\mathrm{d}^2 y}{\mathrm{d}t^2} = -\frac{1}{2}\left(\frac{\mathrm{d}y}{\mathrm{d}t} - U\right)\pi R^2 C_D \rho_a \sqrt{\left(\frac{\mathrm{d}x}{\mathrm{d}t}\right)^2 + \left(\frac{\mathrm{d}y}{\mathrm{d}t} - U\right)^2 + \left(\frac{\mathrm{d}z}{\mathrm{d}t}\right)^2} +$$

$$\pi\rho_a R^3\left[\Omega_z\frac{\mathrm{d}x}{\mathrm{d}t} - \left(\Omega_x - \frac{\mathrm{d}U}{2\mathrm{d}z}\right)\frac{\mathrm{d}z}{\mathrm{d}t}\right]$$

$$m\frac{\mathrm{d}^2 z}{\mathrm{d}t^2} = -\frac{\mathrm{d}z}{2\mathrm{d}t}\pi R^2 C_D \rho_a \sqrt{\left(\frac{\mathrm{d}x}{\mathrm{d}t}\right)^2 + \left(\frac{\mathrm{d}y}{\mathrm{d}t} - U\right)^2 + \left(\frac{\mathrm{d}z}{\mathrm{d}t}\right)^2} + \qquad (4.60)$$

$$\pi\rho_a R^3\left[\left(\Omega_x - \frac{\mathrm{d}U}{2\mathrm{d}z}\right)\left(\frac{\mathrm{d}y}{\mathrm{d}t} - U\right) - \Omega_y\frac{\mathrm{d}x}{\mathrm{d}t}\right] - mg$$

$$I\frac{\mathrm{d}\Omega_x}{\mathrm{d}t} = -8\pi\mu R^3\left(\Omega_x - \frac{\mathrm{d}U}{2\mathrm{d}z}\right)$$

$$I\frac{\mathrm{d}\Omega_y}{\mathrm{d}t} = -8\pi\mu R^3\Omega_y$$

$$I\frac{\mathrm{d}\Omega_z}{\mathrm{d}t} = -8\pi\mu R^3\Omega_z$$

将方程组（4.60）中每一个方程的函数导数用有限差分公式代替，便可给出差分方程。这里有两点值得注意：（1）方程中有不同阶的导数，使用有限差分公式时，注意同一个节点不同阶导数有限差分公式的选取；另外，注意有限差分法公式适用范围，比如$\frac{\mathrm{d}^2 x}{\mathrm{d}t^2}$的有限差分公式使用$\left.\frac{\mathrm{d}x^2}{\mathrm{d}t^2}\right|_{x=x_i} = (x_{i+1} - 2x_i + x_{i-1})/2\tau^2$，$i=1，\cdots，n-1$，在$i=0$和$i=n$两点上不成立。（2）同一导数，有不同形式的有限差分公式，因此同一微分方程对应的差分方程会因为函数导数或微分使用的形式不同而不同。最终给出的代数方程组的求解难易程度也依赖于差分方程的形式。上述方程组（4.60）中前三个方程都是二阶常微分方程，包含二阶导数和一阶导数，这里二阶导数的有限差分公式都依照$\left.\frac{\mathrm{d}x^2}{\mathrm{d}t^2}\right|_{x=x_i} = (x_{i+1} - 2x_i + x_{i-1})/2\tau^2$（$i=1，\cdots，n-1$）形式选取，一阶导数依照$\left.\frac{\mathrm{d}x}{\mathrm{d}t}\right|_{x=x_i} = (x_i - x_{i-1})/\tau$，$i=1，\cdots，n$。差分方程如下：

$$m\frac{x_{i+1} - 2x_i + x_{i-1}}{\tau^2} = -\frac{x_i - x_{i-1}}{2}\pi R^2 C_{D,i}\rho_a \sqrt{(x_i - x_{i-1})^2 + (y_i - y_{i-1} - U_i)^2 + (z_i - z_{i-1})^2} +$$

$$\pi\rho_a R^3\left[\Omega_{y,i}(z_i - z_{i-1}) - \Omega_{z,i}(y_i - y_{i-1} - U_i)\right]$$

$$m\frac{y_{i+1} - 2y_i + y_{i-1}}{\tau^2} = -\frac{y_i - y_{i-1} - U_i}{2}\pi R^2 C_{D,i}\rho_a \sqrt{(x_i - x_{i-1})^2 + (y_i - y_{i-1} - U_i)^2 + (z_i - z_{i-1})^2} +$$

$$\pi\rho_a R^3\left[\Omega_{z,i}(x_i - x_{i-1}) - \left(\Omega_{x,i} - Ru^*\frac{1}{2kz_i}\right)(z_i - z_{i-1})\right]$$

$$m\frac{z_{i+1} - 2z_i + z_{i-1}}{\tau^2} = -\frac{z_i - z_{i-1}}{2}\pi R^2 C_{D,i}\rho_a \sqrt{(x_i - x_{i-1})^2 + (y_i - y_{i-1} - U_i)^2 + (z_i - z_{i-1})^2}$$

$$+\pi\rho_a R^3\left[\left(\Omega_{x,i} - Ru^*\frac{1}{2kz_i}\right)(y_i - y_{i-1} - U_i) - \Omega_{y,i}(x_i - x_{i-1})\right] - mg$$

$$(i = 1, \cdots, n-1)$$

$$I\frac{\Omega_{x,i} - \Omega_{x,i-1}}{\tau} = -8\pi\mu R^3\left(\Omega_{x,i} - Ru^*\frac{1}{2kz_i}\right)$$

$$I\frac{\Omega_{y,i} - \Omega_{y,i-1}}{\tau} = -8\pi\mu R^3\Omega_{y,i}$$

$$I\frac{\Omega_{z,i} - \Omega_{z,i-1}}{\tau} = -8\pi\mu R^3\Omega_{z,i}$$

$$(i = 1, \cdots, n)$$

$$(4.61)$$

其中 $V_{r,i} = \sqrt{(x_i - x_{i-1})^2 + (y_i - y_{i-1} - U_i)^2 + (z_i - z_{i-1})^2}$，$U_i = u^*\ln(z_i/z_0)/k$，这里选择粗糙度 $z_0 = d/30$，$d = 2R$。

（4.61）就是沙粒运动微分方程对应的一组差分方程，一定要给出点集的取值范围，用来确定方程组的个数，这里共 $6n-3$ 个。

（3）利用有限差分公式将定解问题的边界条件转换成差分边界。由原问题的定解条件（4.59）可知，初始时刻沙粒的位置和速度已知，将该边界条件中的导数用有限差分公式代替，给出（4.59）对应的差分边界条件为

$$x_0 = 0, \ y_0 = 0, \ z_0 = 0$$

$$\frac{x_1 - x_0}{\tau} = 0, \ \frac{y_1 - y_0}{\tau} = 0, \ \frac{z_1 - z_0}{\tau} = V_0 \qquad (4.62)$$

$$\Omega_{x,0} = \Omega_{y,0} = \Omega_{z,0} = 0$$

（4）组织代数方程组。将差分方程（4.61）和差分边界（4.62）组成代数方程组。值得注意的是，沙粒运动方程定解条件（4.59）中包含给定沙粒初始速度的条件，即相当于给定位移一阶导数值的条件，在将该类条件转换成差分边界条件的过程中，需要将一阶导数用有限差分公式代替，因为边界条件是对边界点上函数值的约束，受到实际问题的限制，比如这里是一个动力学问题，时间 $t \geq 0$，因此只能利用时间大于零的点上的函数值表达边界上的约束条件。整理上述方程组，由于原微分方程组是非线性方程组，因此一般情况得到的差分格式的代数方程组是非线性代数方程组。

（5）数值求解，并对数值结果进行评估。通过编写程序求解该非线性代数方程组（4.61）和（4.62），求得给定时刻的沙粒位置。另外，通过观察差分方程组（4.61）发现，该差分方程组进一步可以变形为：

$$x_{i+1} = -\frac{\tau^2 (x_i - x_{i-1})}{2m} \pi R^2 C_{D,i} \rho_a \sqrt{(x_i - x_{i-1})^2 + (y_i - y_{i-1} - U_i)^2 + (z_i - z_{i-1})^2}$$
$$+ \tau^2 \pi \rho_a R^3 \left[\Omega_{y,i}(z_i - z_{i-1}) - \Omega_{z,i}(y_i - y_{i-1} - U_i) \right]/m + 2x_i - x_{i-1}$$

$$y_{i+1} = -\frac{\tau^2 (y_i - y_{i-1} - U_i)}{2m} \pi R^2 C_{D,i} \rho_a \sqrt{(x_i - x_{i-1})^2 + (y_i - y_{i-1} - U_i)^2 + (z_i - z_{i-1})^2}$$
$$+ \tau^2 \pi \rho_a R^3 \left[\Omega_{z,i}(x_i - x_{i-1}) - (\Omega_{x,i} - Ru^*/2kz_i)(z_i - z_{i-1}) \right]/m + 2y_i - y_{i-1}$$

$$z_{i+1} = -\frac{\tau^2 (z_i - z_{i-1})}{2m} \pi R^2 C_{D,i} \rho_a \sqrt{(x_i - x_{i-1})^2 + (y_i - y_{i-1} - U_i)^2 + (z_i - z_{i-1})^2}$$
$$+ \tau^2 \pi \rho_a R^3 \left[(\Omega_{x,i} - Ru^*/2kz_i)(y_i - y_{i-1} - U_i) - \Omega_{y,i}(x_i - x_{i-1}) \right]/m - \tau^2 g + 2z_i - z_{i-1}$$
$$(i = 1, \cdots, n-1)$$

$$\Omega_{x,i} = -8\tau \pi \mu R^3 \left(\Omega_{x,i} - Ru^*/2kz_i \right)/I + \Omega_{x,i-1}$$

$$\Omega_{y,i} = -8\tau \pi \mu R^3 \Omega_{y,i}/I + \Omega_{y,i-1}$$

$$\Omega_{z,i} = -8\tau \pi \mu R^3 \Omega_{z,i}/I + \Omega_{z,i-1}$$
$$(i = 1, \cdots, n)$$

$$\text{(4.63)}$$

将初值条件差分边界（4.62）代入（4.63），便可求出 t_2 时刻沙粒的位置和角速度，以此类推，可逐步求出给定时刻沙粒的位置。程序代码非常简单，读者也可以扫描附录2中的二维码获取求解沙粒运动轨迹的MATLAB代码。下面给出沙粒运动轨迹的数值结果，该问题涉及的一些参数如表4.1所示。

表 4.1   计算参数

参数	意义	取值
k	冯卡门常数	0.4
g	重力加速度	9.8 m/s^2
ρ_a	空气密度	1.29 kg/m^3
ρ	沙粒密度	2650 kg/m^3
d	沙粒直径	0.25 mm
μ	空气黏性系数	1.76×10^{-5}
u^*	摩阻风速	0.192 m/s

另外，需要提前给出计算时间 T，确定沙粒运动一个完整轨迹所需要的时间，这个时间与沙粒的初始速度、风速大小都有关系，一般很难确定。因此，可以给定时间步长 τ，通过选取不同 n 值，试计算沙粒运动轨迹，通过沙粒垂向位移来判断其返回地面的时间，

即垂向位移小于零，说明沙粒已经掉落在沙床上了，这也就大概确定了沙粒运动一个轨迹所需的时间。图4.26（a）和图4.26（b）显示了给定沙粒初始速度（包括角速度和线速度）计算的沙粒运动轨迹。从图中可以看出，尽管其他参数相同，时间步长不同，计算出的沙粒运动轨迹不同，当时间步长很小时，如图4.26（c）中 $n=1000$ 和 $n=800$，两个时间步长（两种离散节点数）下计算出沙粒运动轨迹非常接近，判断沙粒运动轨迹数值计算结果基本收敛了。因为很难给出沙粒运动轨迹的解析解，这里通过数值结果是否收敛来初步判断沙粒运动轨迹预测是否准确。

当然，仅仅依靠轨迹的收敛性来判断计算的正确性是不够的。在无法给出解析解的问题中，可以寻求其他办法，比如通过与另一种数值求解方法的数值结果对比来判断数值解算结果的可靠性。值得注意的是，在学习计算力学课程前，读者一般都学习了《数值分析》这门课程。在数值分析中，专门讲到了一阶非线性常微分方程的数值求解方法，比如龙格库塔法。所以，这里也可以利用龙格库塔法求解沙粒运动方程。因为沙粒运动轨迹方程组中前三个方程是二阶常微分方程，需要稍作变换，将二阶常微分方程组变换成一阶常微分方程组，便可用龙格库塔法如四阶龙格库塔法求解。

设 $\xi = \dfrac{\mathrm{d}x}{\mathrm{d}t}$, $\eta = \dfrac{\mathrm{d}y}{\mathrm{d}t}$, $\zeta = \dfrac{\mathrm{d}z}{\mathrm{d}t}$，则原沙粒运动微分方程变形为：

$$\frac{\mathrm{d}\xi}{\mathrm{d}t} = -\frac{\xi}{2m}\pi R^2 C_D \rho_a \sqrt{\xi^2 + (\eta - U)^2 + \zeta^2} + \pi\rho_a R^3 \left[\Omega_y\zeta - \Omega_z(\eta - U)\right]/m$$

$$\xi = \frac{\mathrm{d}x}{\mathrm{d}t}$$

$$\frac{\mathrm{d}\eta}{\mathrm{d}t} = -\frac{\eta - U}{2m}\pi R^2 C_D \rho_a \sqrt{\xi^2 + (\eta - U)^2 + \zeta^2} + \frac{\pi\rho_a R^3\left[\Omega_z\xi - (\Omega_x - Ru^*/k\zeta)\zeta\right]}{m}$$

$$\eta = \frac{\mathrm{d}y}{\mathrm{d}t}$$

$$\frac{\mathrm{d}\zeta}{\mathrm{d}t} = -\frac{\zeta}{2m}\pi R^2 C_D \rho_a \sqrt{\xi^2 + (\eta - U)^2 + \zeta^2} + \frac{\pi\rho_a R^3\left[(\Omega_x - Ru^*/k\zeta)(\eta - U) - \Omega_y\xi\right]}{m} - g$$

$$\zeta = \frac{\mathrm{d}z}{\mathrm{d}t}$$

$$\frac{\mathrm{d}\Omega_x}{\mathrm{d}t} = -8\pi\mu R^3\left(\Omega_x - RU/\mathrm{d}z\right)/I$$

$$\frac{\mathrm{d}\Omega_y}{\mathrm{d}t} = -8\pi\mu R^3\Omega_y/I$$

$$\frac{\mathrm{d}\Omega_z}{\mathrm{d}t} = -8\pi\mu R^3\Omega_z/I$$

$$(4.64)$$

接下来，利用四阶龙格库塔法求解沙粒运动轨迹。

对于如下形式的一阶常微分方程：

$$\frac{\mathrm{d}y}{\mathrm{d}t} = f(t, y) \tag{4.65}$$

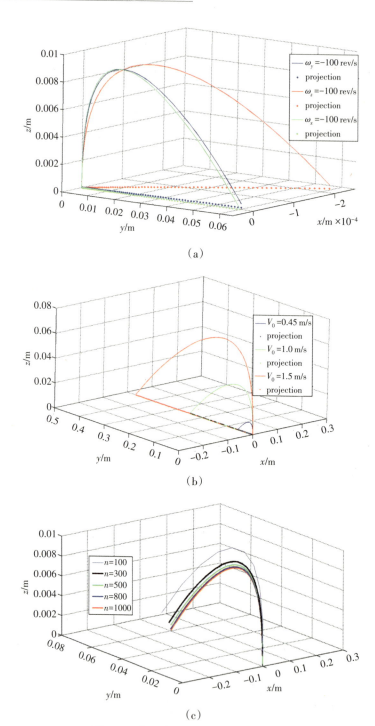

图 4.26 有限差分法计算沙粒运动轨迹

注：（a）$\omega_y = -100$ r/s，$\omega_z = -100$ r/s，$\omega_x = -100$ r/s，其中沿 z 方向线速度 $V_0 = 0.45$ m/s，其他速度分量均为 0，$n = 1000$；（b）$V_0 = 0.45$ m/s，$V_0 = 1.0$ m/s，$V_0 = 1.5$ m/s，$\omega_x = -100$ r/s，其他速度分量均为 0，$n = 1000$；（c）$V_0 = 0.45$ m/s，$\omega_x = -100$ r/s，$n = 100$，$n = 300$，$n = 500$，$n = 800$ 和 $n = 1000$。

四阶龙格库塔法的显示格式为：

$$y_{n+1} = y_n + \frac{h}{6}(K_1 + 2K_2 + 2K_3 + K_4)$$

$$K_1 = f(x_n + y_n)$$

$$K_2 = f(x_n + h/2, \; y_n + hK_1/2)$$

$$K_3 = f(x_n + h/2, \; y_n + hK_2/2)$$

$$K_4 = f(x_n + h, \; y_n + hK_3)$$

$$(4.66)$$

方程组（4.64）包含9个一阶常微分方程，且每一个方程的 $f(\cdot)$ 都已知，其初值条件为：

$$x = y = z = 0, \; \xi = \eta = 0, \; \zeta = V_0, \; \Omega_x = \Omega_{x0}, \; \Omega_y = \Omega_{y0}, \; \Omega_z = \Omega_{z0} \qquad (4.67)$$

因此，利用四阶龙格库塔方法构造方程（4.64）的显式数值求解格式，便可迭代求解沙粒速度和位移。读者可扫描附录2中的二维码，获取龙格库塔方法求解沙粒轨迹方程的代码，数值求解沙粒的运动轨迹。

图4.27给出了与图4.26（c）相同条件下有限差分法（FDM）与四阶龙格库塔法（RK4）计算沙粒轨迹的结果。在节点数取100、300、500、800以及1000时，利用RK4法计算的轨迹基本重合，只是在沙粒落点处略有差别，这是由于不同节点数导致时间步长不同，最后一个点计算时间不同所致。说明龙格库塔法在离散较少节点数时，计算结果精度较高。对比图4.26（c）和图4.27可以看出，龙格库塔法解算收敛明显快，前者在节点数为800时的结果与节点数为1000时的结果差别才很小，而后者节点数为100时的结果与节点数为1000时的结果重合。另外，从图4.27可以看出，节点数为1000时，两种方法计算的结果非常接近，但仍然有一定的差别。对比两种方法的计算结果，可以确定四阶龙格库塔法在数值求解沙粒运动轨迹时更为精确。事实上，龙格库塔法构造的方程也是一种差分格式，只是构造差分格式的方法不同于Taylor展开法。

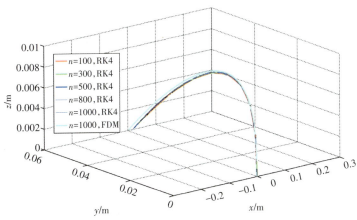

图4.27 四阶龙格库塔法计算沙粒运动轨迹［条件同图4.26(c)］

以上是利用有限差分法数值求解沙粒运动轨迹的过程，并对沙粒运动轨迹进行评估和预测。当然，可以进一步研究不同参数以及不同初值条件、不同风速下沙粒运动轨迹，理解这些参数对沙粒运动轨迹的影响，特别是不同旋转初速度对沙粒运动轨迹的影响。

4.5.4　结果分析及讨论

图4.28给出了在不同初始角速度分量、z方向初始线速度为0.45 m/s时，沙粒运动轨迹

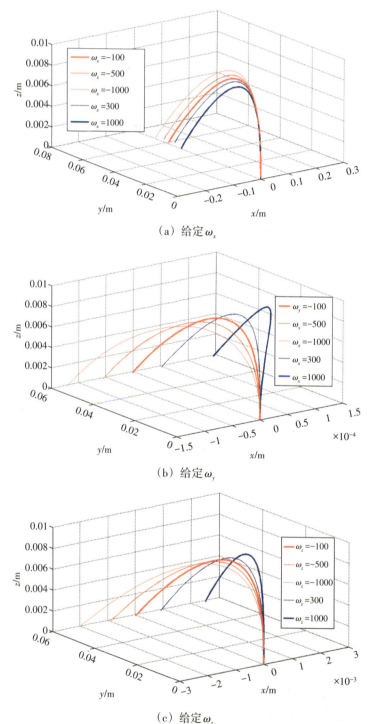

（a）给定ω_x

（b）给定ω_y

（c）给定ω_z

图4.28　不同初始角速度下沙粒运动轨迹（垂向线速度为**0.45 m/s**）

的有限差分法数值计算结果。从图中可以看出，不同角速度分量会影响沙粒运动轨迹，并且影响程度不同，x 方向角速度分量只改变沙粒轨迹的长度和高度，而另外两个角速度分量会使得沙粒运动轨迹偏转，具体影响程度这里不再赘述，感兴趣的读者可以做进一步的探讨。

4.5.5　问题拓展

上述给出了沙粒运动轨迹的有限差分法求解过程以及结果评估，同时应用四阶龙格库塔法数值求解沙粒轨迹方程。

许多有关沙粒轨迹的研究中，特别早期针对风沙运动的数值模拟，都忽略了沙粒的旋转速度，这样因沙粒旋转产生的 Magnus 力就消失了，所以不考虑沙粒旋转的轨迹方程为：

$$m\frac{\mathrm{d}^2 x}{\mathrm{d}t^2} = -\frac{\mathrm{d}x}{2\mathrm{d}t}\pi R^2 C_D \rho_a \sqrt{\left(\frac{\mathrm{d}x}{\mathrm{d}t}\right)^2 + \left(\frac{\mathrm{d}y}{\mathrm{d}t} - U\right)^2 + \left(\frac{\mathrm{d}z}{\mathrm{d}t}\right)^2}$$

$$m\frac{\mathrm{d}^2 y}{\mathrm{d}t^2} = -\frac{1}{2}\left(\frac{\mathrm{d}y}{\mathrm{d}t} - U\right)\pi R^2 C_D \rho_a \sqrt{\left(\frac{\mathrm{d}x}{\mathrm{d}t}\right)^2 + \left(\frac{\mathrm{d}y}{\mathrm{d}t} - U\right)^2 + \left(\frac{\mathrm{d}z}{\mathrm{d}t}\right)^2} \qquad (4.68)$$

$$m\frac{\mathrm{d}^2 z}{\mathrm{d}t^2} = -\frac{\mathrm{d}z}{2\mathrm{d}t}\pi R^2 C_D \rho_a \sqrt{\left(\frac{\mathrm{d}x}{\mathrm{d}t}\right)^2 + \left(\frac{\mathrm{d}y}{\mathrm{d}t} - U\right)^2 + \left(\frac{\mathrm{d}z}{\mathrm{d}t}\right)^2} - mg$$

参数及其各变量的意义与前述相同。边界条件为：

$$x = y = z = 0, \quad \frac{\mathrm{d}x}{\mathrm{d}t} = \frac{\mathrm{d}y}{\mathrm{d}t} = 0, \quad \frac{\mathrm{d}z}{\mathrm{d}t} = V_0 \qquad (4.69)$$

与考虑旋转速度时沙粒运动轨迹方程组相比，定解问题（4.68）和（4.69）简单了很多，变量减少了 3 个，方程个数也减少了。但是拖曳力不会因是否考虑沙粒旋转而减小，该定解问题的方程依然是非线性的，求解解析解依然是困难的，因此数值求解该方程组更为科学。如图 4.29 给出了不考虑沙粒旋转时的沙粒运动轨迹，其中沿不同坐标方向的初始线速度如图中所示，V_0 表示沿 z 轴方向的初始线速度，V_{y0} 和 V_{x0} 分别为沿 y 轴方向和沿 x 轴方向的初始线速度。图 4.29 的沙粒运动轨迹是利用有限差分法迭代格式的数值求解结果，节点数为 $n=1000$。

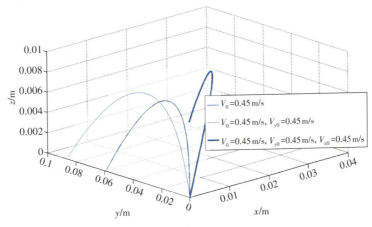

图 4.29　不考虑沙粒旋转时的沙粒运动轨迹

另外，体育项目中，各种球类运动如乒乓球、足球、篮球等，都涉及球类在空中运动轨迹随运动时间的变化，比如足球比赛中著名的香蕉球球技。这是一种控球技术，是通过铲球等技术使足球产生旋转角速度而改变球的运动方向。有很多研究人员研究各类球的运动轨迹，以及各种参数对球运动轨迹的影响，以指导运动员提高控球能力。那么，在球类运动中如何控制球的运动轨迹呢？该问题的数学建模与上述沙粒运动轨迹的建模类似。相对于球形沙粒来讲，球类一般都是空心的，因此计算球的质量和转动惯量与实心球是不一样的，从《材料力学》中可知，通过球的直径、球壁厚度以及球的材料参数可求得球的质量和转动惯量。球类运动多在室内或者较为封闭的环境中进行，基本没有风的影响，因此相比于沙粒来讲，球类一般不受风的作用，拖曳力可以忽略不计。一般来说，技术好的足球运动员常常通过铲球、搓球等提高控球效果，即球会伴有旋转，也就是说，球的 Magnus 力一定要考虑，当然还要考虑重力。这样，球的运动轨迹方程为：

$$m\frac{\mathrm{d}^2 x}{\mathrm{d}t^2} = \pi\rho_a R^3\left[\Omega_y\frac{\mathrm{d}z}{\mathrm{d}t} - \Omega_z\frac{\mathrm{d}y}{\mathrm{d}t}\right]$$

$$m\frac{\mathrm{d}^2 y}{\mathrm{d}t^2} = \pi\rho_a R^3\left[\Omega_z\frac{\mathrm{d}x}{\mathrm{d}t} - \Omega_x\frac{\mathrm{d}z}{\mathrm{d}t}\right]$$

$$m\frac{\mathrm{d}^2 z}{\mathrm{d}t^2} = \pi\rho_a R^3\left[\Omega_x\frac{\mathrm{d}y}{\mathrm{d}t} - \Omega_y\frac{\mathrm{d}x}{\mathrm{d}t}\right] - mg \tag{4.70}$$

$$I\frac{\mathrm{d}\Omega_x}{\mathrm{d}t} = -8\pi\mu R^3\Omega_x, \quad I\frac{\mathrm{d}\Omega_y}{\mathrm{d}t} = -8\pi\mu R^3\Omega_y, \quad I\frac{\mathrm{d}\Omega_z}{\mathrm{d}t} = -8\pi\mu R^3\Omega_z$$

边界条件为：

$$x = y = z = 0, \quad \frac{\mathrm{d}x}{\mathrm{d}t} = \frac{\mathrm{d}y}{\mathrm{d}t} = 0, \quad \frac{\mathrm{d}z}{\mathrm{d}t} = V_0, \quad \Omega_x = \Omega_{x0}, \quad \Omega_y = \Omega_{y0}, \quad \Omega_z = \Omega_{z0} \tag{4.71}$$

也可以利用上述有限差分法，数值求解球类运动轨迹。

通过上述数值实验演示了利用有限差分法数值求解静力学问题和动力学问题的过程。当然，问题不一样，可能需要注意的事项会有差别，但是利用有限差分法数值求解力学问题的步骤是相同的。

习题

1.长度为 L、截面抗弯刚度为 EI 的等截面梁，如图 1 所示。利用有限差分法求解分布载荷作用下的挠度，并与解析解对比。

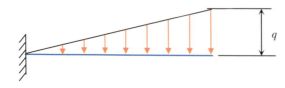

图 1　等截面梁在分布载荷作用下的弯曲

2.如图 2 所示，正方形深梁，长为 L，宽为 a，杨氏模量为 E，左右两边固定，上边受均布荷载 q 的作用。试用有限差分法计算上边缘中点处的位移和应力。

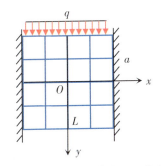

图 2　深梁在均布载荷作用下的弯曲

3. 横截面为正方形 $a×a$ 的扭杆, 体力不计, 在两端平面内受到大小相等而转向相反的扭矩 M, 发生扭转。试利用有限差分法求解最大切应力, 并与精确解进行对比分析。

4. 如图 3 所示, 考虑变直径圆柱扭转, 试通过应力函数差分方程对变截面圆柱扭转进行应力分析。

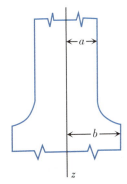

图 3　变直径圆柱扭转截面图

5. 你知道很多著名球星可以踢出香蕉球吗? 请调研相关报道, 建立足球运动轨迹模型, 利用有限差分法研究香蕉球产生的原因, 并给足球运动员一些踢香蕉球的建议。

6. 调研原子力显微镜 (atomic force microscope, AFM), 提出 AFM 测量表面形貌的力学模型, 并建立控制方程和边界条件, 利用有限差分法对 AFM 的梁挠度进行求解。

7. 调研洛伦兹 (Lorenz) 方程的相关文献, 利用有限差分法以及龙格库塔法数值求解 Lorenz 方程, 并对解进行评估。

8. 观看影片《流浪地球》, 了解实现地球流浪的力学原理, 分析其可行性, 并建立地球的运动轨迹方程, 利用有限差分法数值求解地球流浪轨迹, 对《地球流浪》方案给予评价。

9. 调研太阳系中各大行星的相对位置以及地球、金星、火星的质量和几何等参数, 利用有限差分法计算地球、金星和火星的运动轨迹, 并预测这三大行星未来的位置变化。

10. 坐火车出行是当下经济和高效的出行方式。中国的高铁发展快速, 形成的八纵八横高铁网基本上可以满足旅客的出行需求。高铁安全运行是高铁设计的关键问题, 其中路基枕木/枕石对高铁安全运行起到了关键作用。调研高铁枕木/枕石在高铁运行过程中的受力, 并利用有限差分法计算其变形。

第5章 加权残值法求解力学问题

用加权残值法构造代数方程时，需要给出力学问题的近似解。近似解由定义域坐标的函数和待定系数组成，最终构造的代数方程组是关于近似解系数的方程组，求解的未知变量是近似解的系数，可以得到函数的一个解析解。

5.1 主要求解过程及步骤

5.1.1 构造该问题解的近似解

针对给定的力学问题建立数学模型，包括定解方程和边界条件，构造定解问题的近似解，通常由一系列坐标的基函数乘以未知常数的和构成。选择近似解时，需要考虑近似解是否满足边界条件或者满足定解方程。常用的基函数有多项式、三角函数、样条函数和正交多项式（如切比雪夫多项式、勒让德多项式）；对于初值问题，如振动问题，选择梁振动函数、板振动函数和柱稳定函数等。

5.1.2 求残差

将上述构造的近似解代入定解方程和边界条件，分别求出定义域上的残差和边界上的残差。

5.1.3 选择权函数

选择合适的权函数为构造代数方程做准备。加权残值法权函数有由数学原理确定的最小二乘加权残值法的权函数，也有由经验得到的权函数，这里仅仅针对典型的权函数进行讨论。

5.1.4 组织代数方程组

让残差乘以权函数在求解域上积分等于零或者在边界上积分等于零，由此构成加权残值法的代数方程组。

5.1.5　数值求解并对数值求解结果进行评估

编写程序代码，数值求解上述代数方程组，然后进行解的评估和分析。

这里需要注意的是：若构造的近似解满足边界条件，那么在边界上没有残差，所以由定义域上的残差乘以权函数在整个定义域上积分等于零，构成关于近似解系数的代数方程组，这种加权残值法称为内部加权残值法；如果构造的近似解满足方程组，这时在定义域上没有残差，由边界上残差乘以权函数在边界上积分等于零构成近似解系数的代数方程组，称为边界加权残值法。当然通常情况下，构造满足方程或者边界条件的近似解可能不太容易，也可以直接构造既不满足方程也不满足边界条件的近似解，这样由定义域上的残差乘以权函数在整个定义域上积分等于零和边界上残差乘以权函数在边界上积分等于零一同构成近似解系数的代数方程组即可。近似解函数的选择是加权残值方法的关键，它需要满足一定的条件，比如要满足近似解基函数是完备的，且近似解基函数各项要线性无关。常用的基函数有多项式、三角函数、样条函数、梁振动函数、柱稳定函数、切比雪夫多项式、勒让德多项式、贝塞尔函数和克雷洛夫函数等。另外，加权残值方法并没有对定义域离散，尽管这种方法也需要求解代数方程组，但是，求解的是近似解的系数，最终得到的是定义域上的近似解，是一个解析解。当然，如果需要呈现数值结果，只需将相应点的坐标代入解析解计算，从而得到具体数值即可。

根据力学问题的定解方程和边界条件，选择近似解函数和权函数非常重要。首先，选择近似函数就决定了选用内部加权残值法、边界加权残值法还是混合加权残值法去求解力学问题。相对来讲，边界加权残值法使用很少，内部加权残值法和混合加权残值法使用较多。如果问题比较复杂，边界条件也比较复杂，通常选用混合加权残值法求解问题。在使用混合加权残值法求解力学问题时，常常会出现方程个数与未知数个数不相符的情形，一般是由于边界处的残差引起的，需要做相应处理。

5.2　数值实验1：地基梁弯曲问题

为了与有限差分法的数值结果进行对比，这里的地基梁仍然选用 4.2 节中相同的地基梁参数，只是设定长度 $L=1$ m，这里不再赘述问题。为了显示完整的求解过程，这里直接从定解问题的方程和边界条件开始介绍。为了展示更多分析，这里将简支条件改为固支条件，此处变化将导致数值结果的变化。同时利用有限单元法也计算了该问题，加权残值法、有限差分法以及有限单元法的数值解算结果对比见 7.2 节。

5.2.1　建立数学模型

与 4.2 节的地基梁问题一样，设地基梁挠度为 w，其满足定解方程：

$$EI \frac{\mathrm{d}^4 w}{\mathrm{d}x^4} = q - kw \tag{5.1}$$

边界条件为（与 4.2 节稍有不同）：

$$x = 0: \ w = 0, \ \frac{\mathrm{d}w}{\mathrm{d}x} = 0$$

$$x = L: \ w = 0, \ \frac{\mathrm{d}w}{\mathrm{d}x} = 0 \tag{5.2}$$

5.2.2　数值求解

（1）构造该问题的近似解。给出梁挠度的近似解，这里采用加权残值的内部法完成，因此构造的近似解要满足边界条件，挠度的近似解 $\tilde{w}$ 如下：

$$\tilde{w} = \sum_{i=1}^{n} C_i x^{i+1} (L - x)^2 \tag{5.3}$$

（2）求残差。因为近似解满足边界条件，因此只需要求定义域上的残差。将近似解带入控制方程（5.1），便可得到如下残差：

$$R_V = EI \frac{\mathrm{d}^4 \tilde{w}}{\mathrm{d}x^4} - q(x) + k\tilde{w} = k \sum_{i=1}^{n} C_i x^{i+1} (L - x)^2 - q(x) +$$

$$EI \left[\sum_{i=1}^{n} C_i A_{i+3}^4 x^{i-1} - 2L \sum_{i=2}^{n} C_i A_{i+2}^4 x^{i-2} + L^2 \sum_{i=3}^{n} C_i A_{i+1}^4 x^{i-3} \right] \tag{5.4}$$

（3）选择权函数 W_V，这里分别采用最小二乘加权残值法、配点加权残值法、子区域加权残值法、伽辽金加权残值法以及矩量加权残值法数值求解该问题，权函数的选取如表5.1所示。

表 5.1　不同加权残值方法的权函数

方法	权函数
最小二乘法	$W_V = \dfrac{\partial R_V}{\partial C_i} = \dfrac{\partial}{\partial C_i} \left[EI \dfrac{\mathrm{d}^4 \tilde{w}}{\mathrm{d}x^4} \right] + k x^{i+1} (L - x)^2 \quad (i = 1,\ 2,\ \cdots,\ n)$
配点法	取点 x_i, $i = 1,\ \cdots,\ n$, $W_V = \delta(x - x_i)$, $x_i = ih$, $h = L/(n+1)$
子区域法	选子区域 V_j, $j = 1,\ \cdots,\ n$, $W_{V_j} = \begin{cases} 1 & (\in V_j) \\ 0 & (\notin V_j) \end{cases}$ $[x_i,\ x_{i+1}]$, $x_i = (i-1)h$, $h = L/n \quad (i = 1,\ \cdots,\ n+1)$
矩量法	$W_V = x^i \quad (i = 0,\ 1,\ \cdots,\ n-1)$
伽辽金法	$W_V = x^{i+1} (L - x)^2 \quad (i = 1,\ \cdots,\ n)$

（4）组织代数方程组。按照加权残值法的思想，便可以组织代数方程组：

$$\int_0^L R_V W_V \, \mathrm{d}x = 0 \tag{5.5}$$

把近似解代入残差（5.4），然后与表5.1给出的权函数一起代入方程（5.5）便可以得到每一种加权残值法的方程组，即关于近似解系数的方程组，如表5.2所示。

表5.2　不同加权残值法的代数方程组

方法	代数方程组
最小二乘法	$\int_V \left(EI\tilde{w}^{(4)} + k\tilde{w}\right)\dfrac{\partial R_V}{\partial C_i}\,\mathrm{d}V = \int_V q(x)\dfrac{\partial R_V}{\partial C_i}\,\mathrm{d}V \quad (i = 1, 2, \cdots, n)$
配点法	$EI\tilde{w}^{(4)}\left(x_i\right) + k\tilde{w}\left(x_i\right) = q\left(x_i\right) \quad (i = 1, 2, \cdots, n)$
子区域法	$\int_{V_i}\left(EI\tilde{w}^{(4)} + k\tilde{w}\right)\mathrm{d}V = \int_{V_i} q(x)\,\mathrm{d}V \quad (i = 1, 2, \cdots, n)$
伽辽金法	$\int_V \left(EI\tilde{w}^{(4)} + k\tilde{w}\right)x^{i+2}(L-x)^2\,\mathrm{d}v = \int_V q(x)x^{i+2}(L-x)^2\,\mathrm{d}v \quad (i = 1, 2, \cdots, n)$
矩量法	$\int_V \left(EI\tilde{w}^{(4)} + k\tilde{w}\right)x^i\,\mathrm{d}v = \int_V q(x)x^i\,\mathrm{d}v \quad (i = 0, 1, 2, \cdots, n)$

表5.2展示的是不同加权残值法的代数方程组，由于形式复杂，没有展开书写。为了清晰地显示方程组的一般形式，把每一种方法的前两个方程与最后一个方程写出来。

最小二乘加权残值法前两个方程与最后一个方程分别为：

$$\int_0^L \left\{ \begin{aligned} &\left(24EI + kx^2(L-x)^2\right)C_1 + \left(EI\left(A_5^4 x - 2LA_4^4\right) + kx^3(L-x)^2\right)C_2 + \\ &\sum_{j=3}^n C_j\left[EI\left(A_{4+j}^4 x^j - 2LA_{3+j}^4 x^{j-1} + L^2 A_{2+j}^4 x^{j-2}\right) + kx^{2+j}(L-x)^2\right] \end{aligned} \right\}$$
$$\left[24EI + kx^2(L-x)^2\right]\mathrm{d}x \tag{5.6a}$$

$$= q\int_0^L \left[24EI + kx^2(L-x)^2\right]\mathrm{d}x$$

$$\int_L \left\{ \begin{aligned} &\left[24EI + kx^2(L-x)^2\right]C_1 + \left[EI\left(A_5^4 x - 2LA_4^4\right) + kx^3(L-x)^2\right]C_2 + \\ &\sum_{j=3}^n C_j\left[EI\left(A_{4+j}^4 x^j - 2LA_{3+j}^4 x^{j-1} + L^2 A_{2+j}^4 x^{j-2}\right) + kx^{2+j}(L-x)^2\right] \end{aligned} \right\}$$
$$\left[EI\left(A_5^4 x - 2LA_4^4\right) + kx^3(L-x)^2\right]\mathrm{d}x \tag{5.6b}$$

$$= q\iint_L \left[EI\left(A_5^4 x - 2LA_4^4\right) + kx^3(L-x)^2\right]\mathrm{d}x$$

$$\int_L \left\{ \begin{aligned} &\left[24EI + kx^2(L-x)^2\right]C_1 + \left[EI\left(A_5^4 x - 2LA_4^4\right) + kx^3(L-x)^2\right]C_2 + \\ &\sum_{j=3}^n C_j\left[EI\left(A_{4+j}^4 x^j - 2LA_{3+j}^4 x^{j-1} + L^2 A_{2+j}^4 x^{j-2}\right) + kx^{2+j}(L-x)^2\right] \end{aligned} \right\}$$
$$\left[EI\left(A_{4+n}^4 x^n - 2LA_{3+n}^4 x^{n-1} + L^2 A_{2+n}^4 x^{n-2}\right) + kx^{2+n}(L-x)^2\right]\mathrm{d}x \tag{5.6c}$$

$$= q\int_L \left[EI\left(A_{4+n}^4 x^n - 2LA_{3+n}^4 x^{n-1} + L^2 A_{2+n}^4 x^{n-2}\right) + kx^{2+n}(L-x)^2\right]\mathrm{d}x$$

配点加权残值法前两个方程与最后一个方程分别为：

$$\left[24EI + kx_1{}^2(L - x_1)^2\right]C_1 + \left[EI\left(A_5^4 x_1 - 2LA_4^4\right) + kx_1{}^3(L - x_1)^2\right]C_2 +$$

$$\sum_{j=3}^{n} C_j\left[EI\left(A_{4+j}^4 x_1{}^j - 2LA_{3+j}^4 x_1{}^{j-1} + L^2 A_{2+j}^4 x_1{}^{j-2}\right) + kx_1{}^{j+2}(L - x_1)^2\right] = q(x_1) \tag{5.7a}$$

$$\left[24EI + kx_2{}^2(L - x_2)^2\right]C_1 + \left[EI\left(A_5^4 x_2 - 2LA_4^4\right) + kx_2{}^3(L - x_2)^2\right]C_2 +$$

$$\sum_{j=3}^{n} C_j\left[EI\left(A_{4+j}^4 x_2{}^j - 2LA_{3+j}^4 x_2{}^{j-1} + L^2 A_{2+j}^4 x_2{}^{j-2}\right) + kx_2{}^{j+2}(L - x_2)^2\right] = q(x_2) \tag{5.7b}$$

$$\left[24EI + kx_n{}^2(L - x_n)^2\right]C_1 + \left[EI\left(A_5^4 x_n - 2LA_4^4\right) + kx_n{}^3(L - x_n)^2\right]C_2 +$$

$$\sum_{j=3}^{n} C_j\left[EI\left(A_{4+j}^4 x_n{}^j - 2LA_{3+j}^4 x_n{}^{j-1} + L^2 A_{2+j}^4 x_n{}^{j-2}\right) + kx_n{}^{j+2}(L - x_n)^2\right] = q(x_n) \tag{5.7c}$$

值得注意的是，选用内部配点法，不选边界上的点作为配点，配点布置在整个定义域中。另外，配点间的间距根据问题的复杂程度设置，通常情况下，等距布置配点即可。如果问题比较复杂或者载荷变化急剧，也可以设置不等距配点，在载荷变化剧烈区域多布置些配点。即便是不等距配点，配点尽量考虑整个定义域，且在靠近边界处要尽量设置配点。配点的个数不能少于近似解系数的个数。

子区域加权残值法前两个方程与最后一个方程分别为：

$$\left\{\begin{array}{l}\left[24EIx + k\left(\dfrac{x^5}{5} - \dfrac{Lx^4}{2} + \dfrac{L^2 x^3}{3}\right)\right]C_1 + \left[EI\left(A_5^4 \dfrac{x^2}{2} - 2LA_4^4 x\right) + k\left(\dfrac{x^6}{6} - \dfrac{2Lx^5}{5} + \dfrac{L^2 x^4}{4}\right)\right]C_2 + \\ \sum_{j=3}^{n} C_j\left[EI\left(A_{4+j}^4 \dfrac{x^{j+1}}{j+1} - 2LA_{3+j}^4 \dfrac{x^j}{j} + L^2 A_{2+j}^4 \dfrac{x^{j-1}}{j-1}\right) + k\left(\dfrac{x^{j+4}}{j+4} - \dfrac{2Lx^{j+3}}{j+3} + \dfrac{L^2 x^{j+2}}{j+2}\right)\right]\end{array}\right\}\Bigg|_{x_0}^{x_1} = qh \tag{5.8a}$$

$$\left\{\begin{array}{l}\left[24EIx + k\left(\dfrac{x^5}{5} - \dfrac{Lx^4}{2} + \dfrac{L^2 x^3}{3}\right)\right]C_1 + \left[EI\left(A_5^4 \dfrac{x^2}{2} - 2LA_4^4 x\right) + k\left(\dfrac{x^6}{6} - \dfrac{2Lx^5}{5} + \dfrac{L^2 x^4}{4}\right)\right]C_2 + \\ \sum_{j=3}^{n} C_j\left[EI\left(A_{4+j}^4 \dfrac{x^{j+1}}{j+1} - 2LA_{3+j}^4 \dfrac{x^j}{j} + L^2 A_{2+j}^4 \dfrac{x^{j-1}}{j-1}\right) + k\left(\dfrac{x^{j+4}}{j+4} - \dfrac{2Lx^{j+3}}{j+3} + \dfrac{L^2 x^{j+2}}{j+2}\right)\right]\end{array}\right\}\Bigg|_{x_1}^{x_2} = qh \tag{5.8b}$$

$$\left\{\begin{array}{l}\left[24EIx + k\left(\dfrac{x^5}{5} - \dfrac{Lx^4}{2} + \dfrac{L^2 x^3}{3}\right)\right]C_1 + \left[EI\left(A_5^4 \dfrac{x^2}{2} - 2LA_4^4 x\right) + k\left(\dfrac{x^6}{6} - \dfrac{2Lx^5}{5} + \dfrac{L^2 x^4}{4}\right)\right]C_2 + \\ \sum_{j=3}^{n} C_j\left[EI\left(A_{4+j}^4 \dfrac{x^{j+1}}{j+1} - 2LA_{3+j}^4 \dfrac{x^j}{j} + L^2 A_{2+j}^4 \dfrac{x^{j-1}}{j-1}\right) + k\left(\dfrac{x^{j+4}}{j+4} - \dfrac{2Lx^{j+3}}{j+3} + \dfrac{L^2 x^{j+2}}{j+2}\right)\right]\end{array}\right\}\Bigg|_{x_n}^{x_{n+1}} = qh \tag{5.8c}$$

应用子区域加权残值法时，子区域的选择非常关键。选择子区域的个数不小于近似解系数的个数，子区域要覆盖整个定义域，子区域不要重叠。另外，子区域的尺寸通常跟求解的问题相关，如果问题不是太复杂，控制方程与边界条件以及外载荷不是太畸形，采用等大的子区域即可；如果问题比较复杂或者载荷变化复杂且急剧，可采用变子区域大小的方法，即可以根据问题设置不等大的子区域进行求解。

伽辽金加权残值法前两个方程与最后一个方程分别为：

$$
\int_L \left\{ \begin{array}{l} \left[24EI + kx^2(L-x)^2\right]C_1 + \left[EI(A_5^4 x - 2LA_4^4) + kx^3(L-x)^2\right]C_2 + \\ \sum_{j=3}^{n} C_j \left[EI(A_{4+j}^4 x^j - 2LA_{3+j}^4 x^{j-1} + L^2 A_{2+j}^4 x^{j-2}) + kx^{j+2}(L-x)^2\right] \end{array} \right\} x^2(L-x)^2 \mathrm{d}x \tag{5.9a}
$$

$$
= \int_L q(x)\, x^2(L-x)^2 \mathrm{d}x
$$

$$
\int_L \left\{ \begin{array}{l} \left[24EI + kx^2(L-x)^2\right]C_1 + \left[EI(A_5^4 x - 2LA_4^4) + kx^3(L-x)^2\right]C_2 + \\ \sum_{j=3}^{n} C_j \left[EI(A_{4+j}^4 x^j - 2LA_{3+j}^4 x^{j-1} + L^2 A_{2+j}^4 x^{j-2}) + kx^{j+2}(L-x)^2\right] \end{array} \right\} x^3(L-x)^2 \mathrm{d}x \tag{5.9b}
$$

$$
= \int_L q(x)\, x^3(L-x)^2 \mathrm{d}x
$$

$$
\int_L \left\{ \begin{array}{l} \left[24EI + kx^2(L-x)^2\right]C_1 + \left[EI(A_5^4 x - 2LA_4^4) + kx^3(L-x)^2\right]C_2 + \\ \sum_{j=3}^{n} C_j \left[EI(A_{4+j}^4 x^j - 2LA_{3+j}^4 x^{j-1} + L^2 A_{2+j}^4 x^{j-2}) + kx^{j+2}(L-x)^2\right] \end{array} \right\} x^{2+n}(L-x)^2 \mathrm{d}x \tag{5.9c}
$$

$$
= \int_L q(x)\, x^{2+n}(L-x)^2 \mathrm{d}x
$$

伽辽金加权残值法的权函数与近似解函数的每一项相对应，这里近似函数选取的每一项的通项为 $x^{i+1}(L-x)^2$，因此权函数的通项也选取 $x^{i+1}(L-x)^2$。

矩量加权残值法前两个方程与最后一个方程分别为：

$$
\int_L \left\{ \begin{array}{l} \left[24EI + kx^2(L-x)^2\right]C_1 + \left[EI(A_5^4 x - 2LA_4^4) + kx^3(L-x)^2\right]C_2 + \\ \sum_{j=3}^{n} C_j \left[EI(A_{4+j}^4 x^j - 2LA_{3+j}^4 x^{j-1} + L^2 A_{2+j}^4 x^{j-2}) + kx^{j+2}(L-x)^2\right] \end{array} \right\} x^0 \mathrm{d}x = Lq \tag{5.10a}
$$

$$
\int_L \left\{ \begin{array}{l} \left[24EI + kx^2(L-x)^2\right]C_1 + \left[EI(A_5^4 x - 2LA_4^4) + kx^3(L-x)^2\right]C_2 + \\ \sum_{j=3}^{n} C_j \left[EI(A_{4+j}^4 x^j - 2LA_{3+j}^4 x^{j-1} + L^2 A_{2+j}^4 x^{j-2}) + kx^{j+2}(L-x)^2\right] \end{array} \right\} x \mathrm{d}x = L^2 q/2 \tag{5.10b}
$$

$$
\int_L \left\{ \begin{array}{l} \left[24EI + kx^2(L-x)^2\right]C_1 + \left[EI(A_5^4 x - 2LA_4^4) + kx^3(L-x)^2\right]C_2 + \\ \sum_{j=3}^{n} C_j \left[EI(A_{4+j}^4 x^j - 2LA_{3+j}^4 x^{j-1} + L^2 A_{2+j}^4 x^{j-2}) + kx^{j+2}(L-x)^2\right] \end{array} \right\} x^{n-1} \mathrm{d}x \tag{5.10c}
$$

$$
= qL^n/n
$$

在矩量加权残值法中，权函数的幂指数必须从0开始，也就是说权函数必须包含常数。

以上给出了这五种加权残值法前两个方程和最后一个方程，按照此方法可以展开其他 $n-3$ 个方程。这样就得到了每一种加权残值法的关于近似解系数的线性代数方程组，进一步求解即可。

（5）数值求解，并对数值结果进行评估。由上可知，利用加权残值法数值求解力学问题，是将原力学问题的微分方程和边界条件转化成了关于近似解系数的代数方程组。通常情况下，如果原力学问题是线性的，关于近似解系数的方程组也是线性的。那么，按照2.5节所给出的求解线性代数方程组的程序，替换相应的系数矩阵和常数项列向量便可以求解近似解的系数。不同之处在于，使用加权残值法所形成的线性代数方程组往往涉及微分、积分等运算。根据加权残值法选择近似解函数的要求，一般近似解函数为多项式或三角函数等，因此微分运算的处理比较简单，可以手动推导完成。积分运算通常比较复杂，特别是在编写程序代码时，需要采用数值积分完成。数值积分法有很多种，有较为简单的直接达布和计算，有稍微复杂的辛普森计算，以及多点高斯积分、复合数值积分法等。在MATLAB软件中，集成了许多子程序，对于求解线性代数方程组、数值积分等，只需要输入命令即可。

MATLAB中常用的积分程序代码如下：

（1）对于一维函数 $f(x)$ 在区间 $[a, b]$ 的积分，数值积分可以通过 quad(f,a,b) 完成，当然也可以用 int 命令，比如 int(f,a,b)。先要定义函数 $f(x)$，给出函数的表达式和积分变量，比如 $f(x)=x^2+2$，在 MATLAB 中的代码为 f=@(x)x.^2+1。@(x) 表明了该函数中 x 是被积分变量。x.^2 中点表示 x 是一个矢量。因此要想得到 $f(x)=x^2+2$ 在区间 $[a, b]$ 的积分结果，MATLAB 程序代码为：

f=@(x)x.^2+1;

quad(f,a,b);

（2）对于二维函数 $f(x,y)=xy^2+2$ 在区间 $[a, b]×[c, d]$ 的积分，MATLAB 程序代码为：

f=@(x,y)x.*y.^2+1;

dblquad(f,a,b,c,d);

MATLAB 程序积分命令 quad 和 dblquad 是调用了内部积分子程序，子程序中积分用了辛普森积分算法。可以在 MATLAB 软件中查看 "help" 获取更多的关于 MATLAB 中数值求解积分的程序代码信息。将关于近似解系数的系数矩阵和常数项计算出来并给相应的元素赋值，便可求解上述线性代数方程组。读者也可扫描附录2中的二维码获取每一种加权残值方法求解地基梁挠度的 MATLAB 程序。

利用编写好的 MATLAB 程序，便可以求解近似解的系数，将其带入近似解（5.3），从而得到地基梁的弯曲挠度在定义域上的解析解。为了直观地显示数值方法求解结果的差异和精度，计算了梁上51个点（即图5.1中 $m+1=51$）的挠度，从梁的左端点取到右端点，且等距取点，不同加权残值法计算的梁挠度如图5.1所示。

图5.1（a）～（e）展示了数值结果随着近似解项数（图5.1中的 n 表示项数）的增加挠度的变化情况。每一种加权残值法的近似解分别取2项、5项和20项，从图中可以看出，近似解取20项的结果与取2项的结果基本重合，说明该问题近似解取2项的精度已经比较高了。图5.1（f）是有限差分法计算结果和加权残值法计算结果的比较，有限差分法将梁划分了501个节点，加权残值法近似解都取20项，从图中可以看出，所有计算结果非常接近。尽管如此，仔细分辨时，可以发现有限差分法数值解在梁中间的挠度稍稍比加权残值法解算结果小一些。读者可以加大有限差分法的节点数计算梁的挠度，也可以对加权残值法取不同项数的近似解计算梁的挠度，对比分析不同算法的精度。

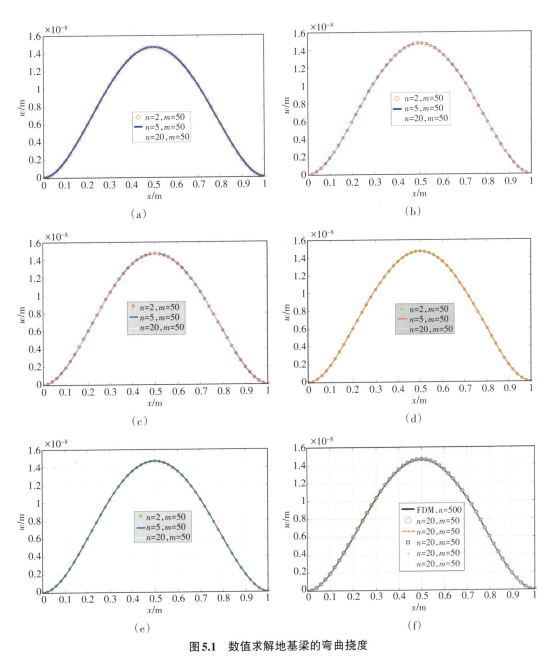

图 5.1 数值求解地基梁的弯曲挠度

注：（a）最小二乘加权残值法，（b）配点法，（c）子区域法，（d）伽辽金法，（e）矩量法，（f）五种加权残值法以及有限差分法（FDM）数值解的对比。其中○是最小二乘加权残值法的结果，---是配点加权残值法的结果，□是子区域加权残值法的结果，•是伽辽金加权残值法的结果，。是矩量加权残值法的结果。

5.2.3 结果分析及讨论

在利用加权残值法求解上述问题时，首先选择加权残值法的种类，这样才能进一步构造近似解。比如选择加权残值混合法求解上述地基梁弯曲问题，这样构造近似解时，不需要满足边界条件和方程。接下来给出针对上述地基梁弯曲问题使用混合加权残值法数值求其挠度的过程，并对关键点进行说明。定解方程和边界条件如（5.1）和（5.2）所示。

（1）构造挠度的近似解，因为选用混合加权残值法求解，近似解可以既不满足方程也不满足边界条件，选用多项式形式的近似解 $\tilde{w}$：

$$\tilde{w} = \sum_{i=0}^{n} C_i x^i \tag{5.11}$$

（2）将挠度近似解 $\tilde{w}$ 带入定解方程（5.1）和边界条件（5.2），导出残差表达式。将近似解带入定解方程（5.1）时，在求解域上产生如下残差：

$$R_V = EI \frac{\mathrm{d}^4 \tilde{w}}{\mathrm{d}x^4} - q(x) + k\tilde{w} \tag{5.12}$$

因为构造的挠度近似解也不满足所有边界条件，因此相应地，将近似解带入边界条件中也产生残差。按照加权残值法的思想，将边界上的残差加起来，便可得到边界上的残差。该问题是一维问题，因此边界是梁的两端，抽象为点，因此边界上的残差就是两端点上的残差。另外，有多少个边界条件，就有多少个边界上的残差。该问题中有4个边界条件，那么边界残差也会有4个。下面将一一给出边界残差。

对于边界条件 $w(0) = 0$，将近似解带入该边界，产生以下残差：

$$R_{S1} = \tilde{w}(0) \tag{5.13}$$

对于边界条件 $\dfrac{\mathrm{d}w(0)}{\mathrm{d}x} = 0$，将近似解带入该边界，会产生以下残差：

$$R_{S2} = \frac{\mathrm{d}\tilde{w}(0)}{\mathrm{d}x} \tag{5.14}$$

同理，对于边界条件 $w(L) = 0$ 和 $\dfrac{\mathrm{d}w(L)}{\mathrm{d}x} = 0$，将近似解带入该边界，产生以下残差：

$$R_{S3} = \tilde{w}(L) \tag{5.15}$$

$$R_{S4} = \frac{\mathrm{d}\tilde{w}(L)}{\mathrm{d}x} \tag{5.16}$$

（3）选择权函数。这里选用最小二乘加权残值法，因此权函数为：

$$\frac{\partial R_V}{\partial C_i} = \frac{\partial\left(\dfrac{EI\mathrm{d}^4\tilde{w}}{\mathrm{d}x^4} - k\tilde{w}\right)}{\partial C_i} \quad (i = 0, 1, \cdots, n) \tag{5.17}$$

以及

$$\frac{\partial R_{S1}}{\partial C_i}, \ \frac{\partial R_{S2}}{\partial C_i}, \ \frac{\partial R_{S3}}{\partial C_i}, \ \frac{\partial R_{S4}}{\partial C_i} \quad (i = 0, 1, \cdots, n) \tag{5.18}$$

（4）组织系数 C_i 的代数方程组。根据最小二乘加权残值法的思想，便可以组织新的关于系数 C_i 的方程组：

$$\int_0^L \left[EI \frac{\mathrm{d}^4 \tilde{w}}{\mathrm{d}x^4} - q(x) + k\tilde{w} \right] \frac{\partial\left(\dfrac{EI\mathrm{d}^4\tilde{w}}{\mathrm{d}x^4} + k\tilde{w}\right)}{\partial C_i} \mathrm{d}x = 0 \quad (i = 0, 1, \cdots, n) \tag{5.19}$$

$$\frac{\partial R_{S1}}{\partial C_i} \tilde{w}(0) = 0 \quad (i = 0, 1, \cdots, n) \tag{5.20}$$

$$\frac{\partial R_{S2}}{\partial C_i} \frac{\mathrm{d}\tilde{w}(0)}{\mathrm{d}x} = 0 \quad (i = 0, 1, \cdots, n) \tag{5.21}$$

$$\frac{\partial R_{S3}}{\partial C_i} \tilde{w}(L) = 0 \quad (i = 0, 1, \cdots, n) \tag{5.22}$$

$$\frac{\partial R_{S4}}{\partial C_i} \frac{\mathrm{d}\tilde{w}(L)}{\mathrm{d}x} = 0 \quad (i = 0, 1, \cdots, n) \tag{5.23}$$

进一步地，把上述方程组的具体形式写出来，首先方程组（5.19）的具体形式如（5.24）所示，共 $n+1$ 个方程。

$$\int_0^L \left[EI \sum_{i=4}^n A_i^4 C_i x^{i-4} - q(x) + k \sum_{i=0}^n C_i x^i \right] \left[EIA_j^4 x^{j-4} + kx^j \right] \mathrm{d}x = 0$$
$$(j = 0, 1, \cdots, n) \tag{5.24}$$

其中，A_i^4 表示前四阶排列，即 $A_i^4 = i(i-1)(i-2)(i-3)$，下面出现类似的记号均表示排列，只是数值根据实际情况确定。边界条件（5.20），只有 $C_0 = 0$ 一个方程。同理边界（5.21），也只有一个方程，为：

$$\sum_{i=1}^n C_i L^i = 0 \tag{5.25}$$

边界条件（5.22），只有 $C_1 = 0$ 一个方程。同理边界（5.23），也只有一个方程，为：

$$\sum_{i=2}^n C_i A_i^1 L^{i-1} = 0 \tag{5.26}$$

这样，整理上述方程组，共有互不相容的 $n+1+4$ 即 $n+5$ 个方程，未知变量系数 C_i 共有 $n+1$ 个。显然，方程组的个数比未知量的个数多 4，如何处理这个问题？加权残值法求解力学问题中，常常遇到方程个数多余的问题，即方程组是超定的。为了满足边界条件，$C_0 = C_1 = 0$ 以及方程（5.25）和（5.26）对 C_i 的限制条件，（5.24）是求残差平方和极值的方程，因此该问题转化成了求条件极值的问题。通过引进 4 个拉格朗日乘子，利用拉格朗日乘子法求解，便可以计算 C_i，只是求解过程稍显复杂；也可以根据观察上述方程做一些近似处理，舍弃一些方程。舍弃方程的原则是，一定要保留边界条件的方程，因此，只能舍弃定义域上的残差方程，比如上述问题中，把 $j=n-3$、$j=n-2$、$j=n-1$、$j=n$ 共 4 个方程舍弃。因为，在利用加权残值法求解的结果中可以看出，一般情况下，近似解不用太多项，计算精度就非常高了，也就是说高阶项可以忽略不计，因此可以舍弃 4 个这样的方程。这样就确定了最小二乘加权残值法和混合法求解地基梁挠度的代数方程组。

（5）数值求解 C_i。利用 2.5 节的程序求解 C_i 的值，进一步计算梁的挠度。将求得的 C_i 回代到近似解（5.6）中，便得到了梁挠度的解析解。图 5.2 显示了利用最小二乘加权残值内部法和混合法求解的梁挠度，近似解的项数分别取 5 项和 10 项。从图中可以看出，当近似解的项数较高时，数值结果存在一定的差别，内部法的数值结果更趋于收敛。尽管混合法的近似解容易选取，但是处理代数方程组时需要注意多余方程，而内部法的近似解选取要考虑满足边界条件，代数方程组不用特别处理，定义域上残差乘以权函数在定义域上积分等于零即可，求解精度相对较高。

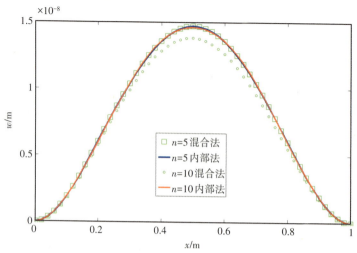

图5.2　地基梁挠度最小二乘加权残值内部法
数值结果和混合法数值结果对比

5.3　数值实验2：薄板弯曲问题

接下来，利用加权残值法求解板弯曲问题，展示加权残值法数值求解二维力学问题的实现过程。

仍然选用4.3节的公交车站候车厅在雪荷载作用下的顶棚弯曲问题，即考虑一四边简支的薄板，板面尺寸为$a \times b$，厚度为t，承受垂直于板面的横向均布载荷q作用，D为薄板的抗弯刚度，用加权残值法求板的最大挠度。其中，q=15 kN/m²，t=20 cm，a=4 m，b=6 m，E=80 GPa，μ=0.25。

5.3.1　建立数学模型

首先建立该问题的数学模型，设板的弯曲挠度为w，则挠度的控制方程为：

$$D\nabla^4 w = q, \ D = \frac{Et^3}{12(1-\mu^2)}$$
$$x = 0, \ x = a: w = 0, \ w_{xx} = 0 \tag{5.27}$$
$$y = 0, \ y = a: w = 0, \ w_{yy} = 0$$

5.3.2　数值求解

这里仍然采用加权残值内部法对上述问题进行数值求解，其步骤为：

（1）构造该问题的近似解，满足边界条件的挠度近似解$\tilde{w}$：

$$\tilde{w} = \sum_{i=1}^{n}\sum_{j=1}^{m} C_{ij} \sin\frac{i\pi x}{a} \sin\frac{j\pi y}{b} \tag{5.28}$$

（2）求残差，将近似解$\tilde{w}$带入（5.27）中的控制方程，给出由于近似解导致的控制方程在定义域上的残差：

$$R_V = D\nabla^4 \tilde{w} - q(x)$$

$$= D\sum_i^n \sum_j^m \pi^4 C_{ij}\left[(i/a)^2 + (j/b)^2\right]^2 \sin\frac{i\pi x}{a}\sin\frac{j\pi y}{b} - q(x) \qquad (5.29)$$

$$(i = 1, \cdots, n\,;\ j = 1, \cdots, m)$$

（3）选择权函数。根据不同的加权残值方法，选取不同的权函数 W_V，见表5.3。

表5.3　不同加权残值法的权函数

方法	权函数
最小二乘法	$W_V = \dfrac{\partial R_V}{\partial C_{ij}} = \left[\left(\dfrac{i}{a}\right)^2 + \left(\dfrac{j}{b}\right)^2\right]^2 \pi^4 \sin\dfrac{i\pi x}{a}\sin\dfrac{j\pi y}{b}$　$(i = 1, \cdots, n\,;\ j = 1, \cdots, m)$
配点法	取点 (x_i, y_j) $(i = 1, \cdots, n\,;\ j = 1, \cdots, m)$，$W_V = \delta(x - x_i,\ y - y_j)$， $h_x = a/(n + 1)$，$x_i = ih_x$，$h_y = b/(m + 1)$，$y_j = jh_y$
子区域法	选子区域 V_k $(k = 1, \cdots, nm)$，$W_{V_k} = \begin{cases} 1 & (\in V_k) \\ 0 & (\in V_k) \end{cases}$，$\left[x_i,\ x_{i+1}\right] \times \left[y_j,\ y_{j+1}\right]$， $x_i = (i - 1)h$，$h_x = a/n$ $(i = 1, \cdots, n + 1)$；$y_j = (j - 1)h$，$h_y = b/m$ $(j = 1, \cdots, m + 1)$
矩量法	$W_V = x^i y^j$ $(i = 0, 1, \cdots, n - 1\,;\ j = 0, 1, \cdots, m - 1)$
伽辽金法	$W_V = \sin\dfrac{i\pi x}{a}\sin\dfrac{j\pi y}{b}$ $(i = 1, \cdots, n\,;\ j = 1, \cdots, m)$

（4）组织代数方程组。针对不同的加权残值法以及表5.3给出的相应权函数，把近似解和权函数带入方程（5.30）：

$$\int_0^L R_V W_V \,\mathrm{d}x = 0 \qquad (5.30)$$

得到每一种加权残值法关于近似解系数的方程组，如表5.4所示。

表5.4　不同加权残值法的形成的方程组

方法	方程组
最小二乘法	$\displaystyle\int_V D\nabla^4 \tilde{w}\,\frac{\partial R_V}{\partial C_{ij}}\,\mathrm{d}V = \int_V q(x)\,\frac{\partial R_V}{\partial C_i}\,\mathrm{d}V$ $(i = 1, 2, \cdots, n\,;\ j = 1, \cdots, m)$
配点法	$D\nabla^4 \tilde{w}(x_i, y_j) = q(x_i, y_j)$ $(i = 1, 2, \cdots, n\,;\ j = 1, 2, \cdots, m)$
子区域法	$\displaystyle\int_{V_k} D\nabla^4 \tilde{w}\,\mathrm{d}v = \int_{V_k} q(x, y)\,\mathrm{d}v$ $(k = 1, 2, \cdots, nm)$
矩量法	$\displaystyle\int_V D\nabla^4 \tilde{w} x^i y^j\,\mathrm{d}v = \int_V q(x, y) x^i y^j\,\mathrm{d}v$ $(i = 0, 1, 2, \cdots, n - 1\,;\ j = 0, 1, \cdots, m - 1)$
伽辽金法	$\displaystyle\int_V D\nabla^4 \tilde{w}\sin\frac{i\pi x}{a}\sin\frac{j\pi y}{b}\,\mathrm{d}v = \int_V q(x, y)\sin\frac{i\pi x}{a}\sin\frac{j\pi y}{b}\,\mathrm{d}v$ $(i = 1, 2, \cdots, n\,;\ j = 1, \cdots, m)$

表5.4中展示了不同加权残值法的代数方程组，由于形式复杂，没有展开书写。为了清晰显示方程组的一般形式，把每一种方法的前两个方程与最后一个方程写出来，供读者参考。

利用最小二乘法加权残值法求解该问题时，近似解的方程组如下：

$$
\iint \sin\frac{N\pi x}{a}\sin\frac{M\pi y}{b}\sum\sum\pi^4\left[\left(\frac{i}{a}\right)^2+\left(\frac{j}{b}\right)^2\right]^2 C_{ij}\sin\frac{i\pi x}{a}\sin\frac{j\pi y}{b}\,\mathrm{d}x\mathrm{d}y
$$
$$
=\iint q\sin\frac{N\pi x}{a}\sin\frac{M\pi y}{b}/D\mathrm{d}x\mathrm{d}y\quad(N=1,\cdots,n;\ M=1,\cdots,m)
\tag{5.31}
$$

因为近似解的基函数为三角函数，表5.3所示的最小二乘法的权函数也恰好是三角函数，根据三角函数的正交性，近似解的系数可以解析求解为：

$$
C_{ij}=\begin{cases}\dfrac{16q}{D\pi^6\left[\left(\dfrac{i}{a}\right)^2+\left(\dfrac{j}{b}\right)^2\right]^2 ij}&(i,\ j\quad 奇数)\\[6pt]0&(i,\ j\quad 其他)\end{cases}
\tag{5.32}
$$

因此，在选取上述近似解（5.28）情况时，用最小二乘加权残值法求板弯曲问题，事实上是一种求解板弯曲问题解析解的思想。可以直接将上述近似解系数的解析解（5.32）带入（5.28），求出薄板弯曲挠度的解析解，并进一步研究其他相应力学变量。

配点加权残值法前两个方程与最后一个方程分别为：

$$
\sum_{N=1}^{n}\sum_{M=1}^{m}\left[\left(\frac{N}{a}\right)^2+\left(\frac{M}{b}\right)^2\right]^2 C_{NM}\sin\frac{N\pi x_1}{a}\sin\frac{M\pi y_1}{b}=\frac{q(x_1,\ y_1)}{D\pi^4}
\tag{5.33a}
$$

$$
\sum_{N=1}^{n}\sum_{M=1}^{m}\left[\left(\frac{N}{a}\right)^2+\left(\frac{M}{b}\right)^2\right]^2 C_{NM}\sin\frac{N\pi x_1}{a}\sin\frac{M\pi y_2}{b}=\frac{q(x_1,\ y_2)}{D\pi^4}
\tag{5.33b}
$$

$$
\sum_{N=1}^{n}\sum_{M=1}^{m}\left[\left(\frac{N}{a}\right)^2+\left(\frac{M}{b}\right)^2\right]^2 C_{NM}\sin\frac{N\pi x_n}{a}\sin\frac{M\pi y_m}{b}=\frac{q(x_n,\ y_m)}{D\pi^4}
\tag{5.33c}
$$

当然，因为这个问题是二维的，配点在板面上取，到底哪个点是第一个点，哪个点是最后一个点，没有特别规定，因人而异。编写程序代码时，一般会先固定一个坐标，然后依次增加另一个坐标，最终取完所有的配点，也就建立了所有方程。

子区域加权残值法前两个方程与最后一个方程分别为：

$$
\sum_{N=1}^{n}\sum_{M=1}^{m}\left[\left(\frac{N}{a}\right)^2+\left(\frac{M}{b}\right)^2\right]^2 C_{NM}\int_{x_1}^{x_2}\int_{y_1}^{y_2}\sin\frac{N\pi x}{a}\sin\frac{M\pi y}{b}\,\mathrm{d}v=\frac{qV_1}{D\pi^4}
\tag{5.34a}
$$

$$
\sum_{N=1}^{n}\sum_{M=1}^{m}\left[\left(\frac{N}{a}\right)^2+\left(\frac{M}{b}\right)^2\right]^2 C_{NM}\int_{x_1}^{x_2}\int_{y_2}^{y_3}\sin\frac{N\pi x}{a}\sin\frac{M\pi y}{b}\,\mathrm{d}v=\frac{qV_2}{D\pi^4}
\tag{5.34b}
$$

$$
\sum_{N=1}^{n}\sum_{M=1}^{m}\left[\left(\frac{N}{a}\right)^2+\left(\frac{M}{b}\right)^2\right]^2 C_{NM}\int_{x_{n-1}}^{x_n}\int_{y_{m-1}}^{y_m}\sin\frac{N\pi x}{a}\sin\frac{M\pi y}{b}\,\mathrm{d}v=\frac{qV_{(n-1)(m-1)}}{D\pi^4}
\tag{5.34c}
$$

子区域的选取与上述梁弯曲问题的子区域选取规则一样，如果等距选取时，子区域的尺寸相等，因此 $V_1=V_2=\cdots=V_{(n-1)(m-1)}$。

由表 5.3 可知，伽辽金加权残值法求解该问题时，权函数与最小二乘加权残值法的权函数相同。由于三角函数的正交性，近似解的系数可以解析求解，这里不再赘述。

矩量加权残值法前两个方程与最后一个方程分别为：

$$\sum_{N=1}^{n}\sum_{M=1}^{m}\left[\left(\frac{N}{a}\right)^2+\left(\frac{M}{b}\right)^2\right]^2 C_{NM}\int_0^a\int_0^b\sin\frac{N\pi x}{a}\sin\frac{M\pi y}{b}\,\mathrm{d}x\mathrm{d}y=\frac{qab}{D\pi^4} \tag{5.35a}$$

$$\sum_{N=1}^{n}\sum_{M=1}^{m}\left[\left(\frac{N}{a}\right)^2+\left(\frac{M}{b}\right)^2\right]^2 C_{NM}\int_0^a\int_0^b y\sin\frac{N\pi x}{a}\sin\frac{M\pi y}{b}\,\mathrm{d}x\mathrm{d}y=\frac{qab^2}{2D\pi^4} \tag{5.35b}$$

$$\sum_{N=1}^{n}\sum_{M=1}^{m}\left[\left(\frac{N}{a}\right)^2+\left(\frac{M}{b}\right)^2\right]^2 C_{NM}\int_0^a\int_0^b x^{n-1}y^{m-1}\sin\frac{N\pi x}{a}\sin\frac{M\pi y}{b}\,\mathrm{d}x\mathrm{d}y=\frac{qa^n b^m}{nmD\pi^4} \tag{5.35c}$$

通过上述方法，除最小二乘加权残值法和伽辽金加权残值法可以得到近似解系数的解析解外，其他三种方法都需要按照上述方法把每一个有关近似解系数的方程写出来，组成线性代数方程组，进行数值求解。

（5）数值求解，并对数值结果进行评估。根据上述的关于系数 C_{ij} 的代数方程组，计算 C_{ij} 系数矩阵的元素和常数项的值，仿照 2.5 节的程序代码编写配点法、子区域法以及矩量法求解薄板弯曲挠度的 MATLAB 程序。读者也可以扫描附录 2 中的二维码获取 MATLAB 程序。利用以上给出的程序代码，便可求解近似解的系数，进一步对弯曲挠度进行评估。下面呈现利用上述程序对板弯曲问题的求解结果。首先展示板的弯曲挠度，如图 5.3 所示。

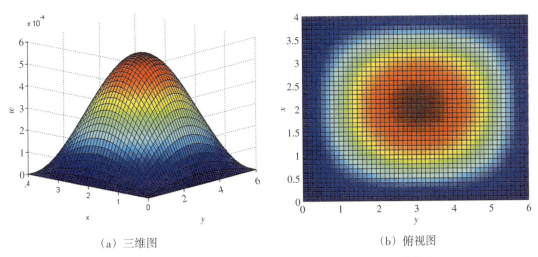

（a）三维图 　　　　　　　　　　（b）俯视图

图 5.3　加权残值法数值求解四边简支薄板受均布载荷作用的挠度

由图 5.3 可以直观地看出板的挠度，如板中心挠度最大，挠度关于 $x=2$ 以及 $y=3$ 对称，四边挠度为 0。但是无法从图 5.3 中看出数值解的收敛性，并且图 5.3 显示的收敛性不容易辨识，因此对于收敛性的评估，常常选板面的一个截面的挠度，如选 $y=3$ 这个截面上沿 x 轴方向的挠度，更方便显示数值结果随近似解项数的变化，如图 5.4 所示。

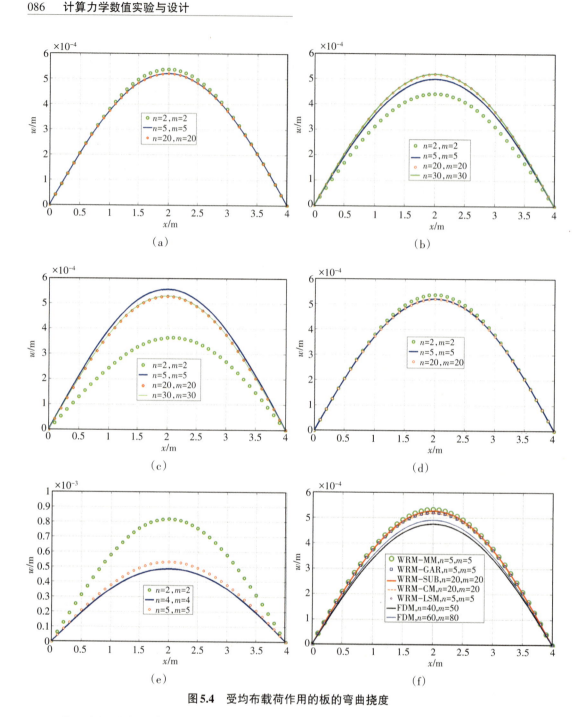

图5.4　受均布载荷作用的板的弯曲挠度

注：（a）最小二乘加权残值法（WRM-LSM），（b）配点法（WRM-CM），（c）子区域法（WRM-SUB），（d）伽辽金法（WRM-GAR），（e）矩量法（WRM-MM），（f）五种加权残值法以及有限差分法（FDM）数值解的对比。

从图5.4可以清晰地看出每一种方法计算的板挠度随近似解项数的变化，从图5.4（a）～（e）可以看出最小二乘加权残值法和伽辽金加权残值法数值结果随项数变化更快，数值解更容易收敛，近似解取25项，结果基本不变了，即数值结果收敛了；而配点加权残值法和子区域加权残值法，近似解取 400 项才收敛。矩量加权残值法近似解取 25 项时，与其他方法的结果收敛解比较接近。然而，即便近似解只取 25 项，相对于其他 4 种加权残值法，矩量法计算非常慢，计算时长是其他方法的 1000 倍。图 5.4（f）对比了不同加权残值法以及有限差分法数值求解板挠度的结果。对于配点加权残值法和有限差分法，尽管都取了定义域上的点，相对来说，当数值结果收敛时，有限差分法所需要取的点较多，也就是说有限差分法所需要求解的线性代数方程组的个数更多。对比图 5.4（a）～（e）可以看出，加权残值法一般近似解取 200 项，最小二乘加权残值法和伽辽金加权残值法近似解取 25 项，板弯曲挠度数值解已经收敛。然而有限差分求解域离散 61×81 个节点时，板的弯曲挠度值结果还没有收敛，如图 5.4（f）所示。所以加权残值法求解板弯曲问题时，相对于有限差分法，需要解的线性代数方程组个数其实很少。另外，使用加权残值法求解问题时，关于近似解系数的线性代数方程组的组织很复杂，往往需要进行微分运算、积分运算，才能进行线性代数方程组求解。尽管加权残值法求解近似解系数的方程组的阶数降低了，但是在处理微分、积分运算时耗时较长，因此加权残值法更适合手工计算和计算机计算相结合的数值求解力学问题。

图 5.4 显示的是板的挠度的数值结果及其收敛结果，进一步可以计算其他力学变量，如通过 $\partial^2 w / \partial x^2$ 便可以计算板面 x 轴方向弯矩，代码也很简单，直接利用 w 的数值解即可，代码为：

```
Mx=zeros(n,m);
    for j=1:m
    for i=2:n−1
    Mx(i,j)=(w(i−1,j)−2*w(i,j)+w(i+1,j))/hx^2;  (*)
    end
end
```

因为 $i=1$ 和 $i=n$ 时，即板 $x=0$ 和 $x=a$ 的两边，x 轴方向的弯矩不能用（*）的格式计算，因此上述程序去掉这两个边上 x 轴方向的弯矩计算。这个问题是四边简支的情况，所以 $x=0$ 和 $x=a$ 的两边 x 轴方向的弯矩正好为 0，我们在程序输入模块就开了 Mx 的矩阵，且元素都为 0，因此这里也就没有必要再计算 $x=0$ 和 $x=a$ 的弯矩。图 5.5 显示了 x 轴方向的弯矩，图 5.5（a）是弯矩的三维呈现，图 5.5（b）是弯矩的俯视图。这里需要说明的是，上述已经对板挠度的解进行了评估，只需在板挠度收敛解的基础上再研究其他力学量即可，不需要讨论相应力学量数值结果的收敛性；另外，因为不同方法计算板的挠度的最终收敛结果是一样的，因此图 5.5 显示的弯矩可以用上述任何一种方法求解得到。

利用其他力学量与挠度间的关系，在得到板挠度的数值结果之后，便可进一步研究其他力学量，如板内弯矩、内力以及应力、应变等，读者可根据自己的需要，在上述程序中添加相应的代码，便可得到其他力学变量的数值结果，这里不再一一叙述。

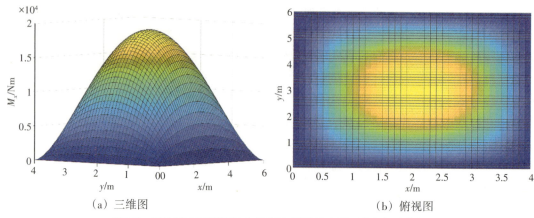

（a）三维图　　　　　　　　　　　　　　　（b）俯视图

图5.5　四边简支薄板受均布载荷作用的板内沿 x 轴方向的弯矩

5.4　数值实验3：杆的振动问题

5.4.1　问题的描述

钢杆或钢管是很多建筑、活动场所的常用构件，如公共汽车、地铁架构在车厢中供乘客使用的钢管。如图5.6所示，水平架设在公交车上的横杆。假设这些杆是等截面的圆杆，直径 $d=2$ cm，长 $L=1$ m，杨氏模量 $E=80$ MPa，密度 $\rho=8.9\times10^3$ kg/m³。现假设公交车以10 m/s的速度向右运行时突然停车，试分析杆在车突然停止运动后的力学行为。

图5.6　某公共汽车内供乘客使用的横杆

5.4.2　建立数学模型

上述问题转换成物理模型为一两端固支等截面圆杆，当以10 m/s的速度向右运行时突然停止，如图5.7（a）所示，分析杆中的力学量。

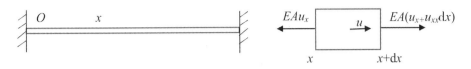

| （a）两端固支等截面横杆 | （b）微元受力示意图 |

图5.7　等截面圆杆受力图

对于细长杆，沿杆轴线向右建立 x 轴，左端为坐标原点 O。忽略杆的横向振动，该问题为杆纵振动问题。取杆微元 dx 进行力平衡分析，如图5.7（b）所示，设杆位移为 u。由牛顿第二定律有：

$$\rho A dx u_{tt} = EA u_{xx} dx \tag{5.36}$$

即：

$$u_{tt} - a^2 u_{xx} = 0 \tag{5.37}$$

其中 $a^2 = E/\rho$，此时的边界条件为：

$$u(0, x) = 0,\ u_t(0, x) = 10 \quad (x \in [0, L])$$
$$u(t, 0) = 0,\ u(t, L) = 0 \qquad (t \geqslant 0) \tag{5.38}$$

5.4.3　数值求解

接下来利用加权残值法对上述问题进行数值求解。

（1）构造该问题的近似函数，这里选用边界法求解，因此选择近似解 $\tilde{u}$：

$$\tilde{u} = \sum_{i=1}^{n} C_i \sin \frac{i\pi x}{L} \sin \frac{ia\pi t}{L} \tag{5.39}$$

（2）求残差，将近似解（5.39）代入定解方程（5.37）和边界条件（5.38）。显然，（5.39）自动满足方程（5.37），亦即选取该近似解 $\tilde{u}$ 在定义域上没有残差。

另外，近似解除了初始速度其他边界条件自动满足，也没有残差。初始速度边界的残差为：

$$R_s = \tilde{u}_t - 10 = \sum_{i=1}^{n} C_i \frac{ia\pi}{L} \sin \frac{i\pi x}{L} - 10 \tag{5.40}$$

（3）选择权函数。根据不同的加权残值法选择不同的权函数，这里选用伽辽金加权残值法、最小二乘加权残值法以及配点加权残值法，选择权函数如表5.5所示。

（4）组织代数方程组。利用残差和权函数便可组织代数方程组求解近似解中的系数 C_i，如表5.5所示，给出了不同权函数及其相应的代数方程组。

（5）数值求解，并对数值结果进行评估。由表5.5可知，该问题可以使用最小二乘法加权残值法和配点加权残值法求解，伽辽金加权残值法不适合求解该问题。利用2.5节程序框架，将该问题的系数矩阵和常数项替换进行数值求解，或者扫描附录2中配点法计算杆振动位移程序二维码参考程序进行数值求解，计算结果如图5.8所示，其中近似解的试函数取了1000项。实际上，很多项的系数 C 为0，这里只呈现结果。

表 5.5　不同加权残值法的权函数和相应的方程组

方法	权函数	方程组
伽辽金法	$W_S = \sin\dfrac{i\pi x}{L}\sin\dfrac{ia\pi t}{L}$ $i = 1, \cdots, n$	无
最小二乘法	$W_S = \sin\dfrac{i\pi x}{L}\dfrac{ia\pi}{L}$ $i = 1, \cdots, n$	$\int \sin\dfrac{i\pi x}{L}\dfrac{i\pi at}{L}\left[\sum_{l=1}^{n} C_l \dfrac{I\pi a}{L}\sin\dfrac{I\pi x}{L} - 10\right]dx = 0$ $i = 1, \cdots, n$
配点法	$W_S = \delta(x - x_i)$ $i = 1, \cdots, n$	$\sum_{j=1}^{n} C_j \dfrac{j\pi a}{L}\sin\dfrac{j\pi x_i}{L} = 10$ $i = 1, \cdots, n$

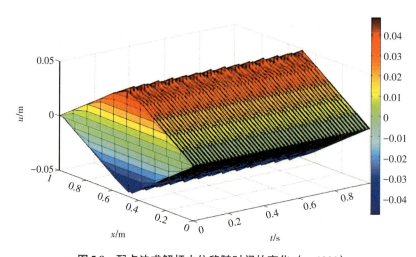

图 5.8　配点法求解杆中位移随时间的变化（$n=1000$）

　　根据上述的分析可见，利用加权残值法求解该问题时，近似解的选取非常重要，而且该问题的近似解的选取比较困难。也可以尝试选取幂函数为基函数构造近似解，利用混合加权残值法求解。

　　图 5.9 给出了杆中点位置即 $x=0.5$ m 处位移-时间曲线的计算结果，n 为近似解项数。从图上可以看出，随着近似解项数的增加，计算结果趋于稳定。图 5.10 给出了前 0.1 s 的结果，可以更好地看出 $n=100$ 的结果与 $n=500$ 的结果基本一致。

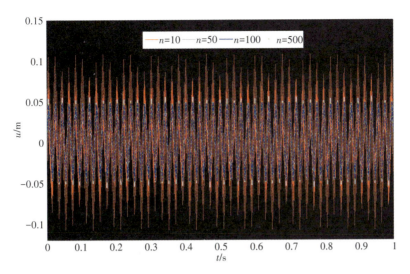

图5.9　配点加权残值法计算的杆中点$x=0.5\text{ m}$处位移时间曲线

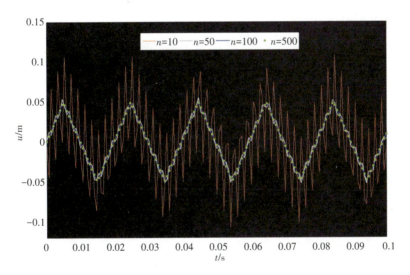

图5.10　配点加权残值法计算的杆中点$x=0.5\text{ m}$处位移时间曲线（0～0.1 s）

事实上，该问题是可以给出解析解的，这对数值解的评估非常有利，下面利用分离变量法求解该问题的解析解。

设$u(t,x)=T(t)X(x)$，带入方程（5.37）有：

$$\frac{\mathrm{d}^2 T(t)}{\mathrm{d}t^2} X(x) = a^2 T(t) \frac{\mathrm{d}^2 X(x)}{\mathrm{d}x^2} \tag{5.41}$$

进一步整理得：

$$\frac{\mathrm{d}^2 T(t)}{a^2 T(t)\mathrm{d}t^2} = \frac{\mathrm{d}^2 X(x)}{X(x)\mathrm{d}x^2} = \gamma \tag{5.42}$$

其中γ为一常数。则：

$$\begin{cases} \dfrac{\mathrm{d}^2 T(t)}{\mathrm{d}t^2} - a^2 \gamma T(t) = 0 \\ \dfrac{\mathrm{d}^2 X(x)}{\mathrm{d}x^2} - \gamma X(x) = 0 \end{cases} \tag{5.43}$$

同时将 $U(t,x) = T(t)X(x)$ 代入边界条件（5.38），有：

$$\begin{cases} T(0) = 0, \dfrac{\mathrm{d}T(0)}{\mathrm{d}t} X(L) = 10 \\ X(0) = 0, X(L) = 0 \end{cases} \tag{5.44}$$

方程（5.43）和边界条件（5.44）组成两组定解方程。接下来，先求解方程（5.45）。

$$\begin{cases} \dfrac{\mathrm{d}^2 X(x)}{\mathrm{d}x^2} - \gamma X(x) = 0 \\ X(0) = 0 \\ X(L) = 0 \end{cases} \tag{5.45}$$

很容易求得定解方程（5.45）的解析解为：

$$X_n = A_n \sin \frac{n\pi x}{L} \quad (\gamma < 0, \ \gamma = -(\frac{n\pi}{L})^2, \ n = 0, 2, \cdots) \tag{5.46}$$

其中 A_n 为常数。再求解微分方程（5.47）。

$$\begin{cases} \dfrac{\mathrm{d}^2 T(t)}{\mathrm{d}t^2} - a^2 \gamma T(t) = 0 \\ T(0) = 0 \\ \dfrac{\mathrm{d}T(0)}{\mathrm{d}t} X(x) = 10 \end{cases} \tag{5.47}$$

首先给出方程（5.47）的通解：

$$T_n = B_n \sin \frac{an\pi t}{L} \quad \left(n = 0, 2, \cdots\right) \tag{5.48}$$

其中 B_n 为常数。则结合（5.46），得到该问题的通解为：

$$u(t, x) = \sum_{n=0}^{\infty} A_n B_n \sin \frac{n\pi x}{L} \sin \frac{an\pi t}{L} \tag{5.49}$$

将（5.49）带入速度边界条件：

$$\frac{\mathrm{d}T(0)}{\mathrm{d}t} X(x) = \sum_{n=0}^{\infty} a \frac{n\pi}{L} B_n A_n \sin \frac{n\pi x}{L} = 10 \tag{5.50}$$

便可确定常数，求得解析解为：

$$u(t, x) = \sum_{n=1}^{\infty} \frac{20L}{\pi^2 n^2 a} \left[(-1)^{n+1} + 1\right] \sin \frac{n\pi x}{L} \sin \frac{an\pi t}{L} \tag{5.51}$$

图 5.11 为杆位移随时间变化的解析结果，对比图 5.8，从形状、结果的量级以及大小上看，两者结果非常相近，这是对加权残值法数值结果的最好评估。

5.4.4　结果分析及讨论

该问题也可以利用有限差分法进行数值求解。下面利用有限差分法求解该问题并与加

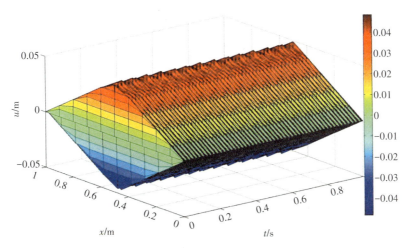

图5.11　解析法求解杆位移随时间变化

权残值法求解结果进行对比，并对数值结果进行分析和讨论。有限差分法求解该问题的过程如下：

（1）对定义域进行离散。该问题涉及一维空间定义域和时间定义域，时间的定义域是无限的，首先要确定求解时间上限 T，则数值求解的定义域为 $[0, L] \times [0, T]$。L 划分为 n 份，$h=L/n$，$x_i=ih(i=0, \cdots, n)$，共 $n+1$ 个点；将 T 划分为 m 份，$s=T/m$，$t_j=js$ $(j=0,\cdots,m)$，共 $m+1$ 个点；未知量 $u_{i,j}(i=0,\cdots,n;\ j=0,\cdots,m)$，共 $(n+1)(m+1)$ 个。

（2）利用有限差分公式，将定解微分方程转换成差分方程：

$$\frac{u_{i,j+1} - 2u_{i,j} + u_{i,j-1}}{s^2} - a^2 \frac{u_{i+1,j} - 2u_{i,j} + u_{i-1,j}}{h^2} = 0 \tag{5.52}$$

$$(i = 1, \cdots, n-1;\ j = 1, \cdots, m-1)$$

上述方程共有 $(n-1)(m-1)$ 个。

（3）利用有限差分公式，将定解边界条件转换成差分边界：

$$\begin{aligned}
&u_{i,0} = 0 \quad (i = 0, \cdots, n) \\
&u_{i,1} - u_{i,0} = 10s \quad (i = 0, \cdots, n) \\
&u_{0,j} = 0 \quad (j = 0, \cdots, m) \\
&u_{n,j} = 0 \quad (j = 0, \cdots, m)
\end{aligned} \tag{5.53}$$

上述边界条件共 $2(n+1)+2(m+1)$ 个方程，差分方程共有 $nm+n+m+5$ 个方程，与未知数相比，多出了4个方程，分别是：$u_{0,0}=0$、$u_{n,0}=0$、$u_{n,1}=0$ 和 $u_{0,1}=0$。最终的差分边界为：

$$\begin{aligned}
&u_{i,0} = 0 \quad (i = 0, \cdots, n) \\
&u_{i,1} - u_{i,0} = 10s \quad (i = 1, \cdots, n-1) \\
&u_{0,j} = 0 \quad (j = 1, \cdots, m) \\
&u_{n,j} = 0 \quad (j = 1, \cdots, m)
\end{aligned} \tag{5.54}$$

（4）组织代数方程组。由差分方程（5.52）与差分边界（5.54）组成新的代数方程组。

（5）数值求解，并对数值结果进行评估。只需将该问题的数值带入2.5节程序的系数矩阵和常数项便可数值求解该问题，读者也可自行编写代码完成求解，或者扫描附录2中的MATLAB程序代码完成数值求解。杆中不同位置位移随时间变化有限差分解如图5.12所示。

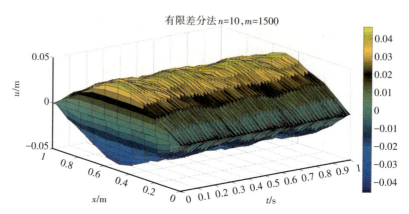

图5.12　隐格式有限差分法求解杆中位移随时间变化（**n=10，m=1500**）

由于此问题边值条件和初值条件的特殊性，恰好能满足迭代的需要，因此也可以构造差分迭代格式：

$$u_{i,j+1} = 2u_{i,j} - u_{i,j-1} + a^2 s^2 \frac{u_{i+1,j} - 2u_{i,j} + u_{i-1,j}}{h^2} \tag{5.55}$$

由附录2给出的迭代格式MATLAB代码也可数值求解上述问题，读者可以扫描二维码使用。典型计算结果如图5.13所示，节点数与图5.12相同。

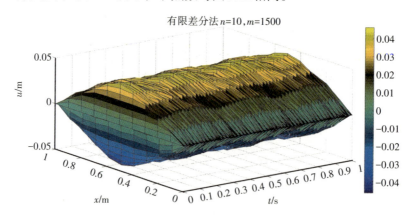

图5.13　迭代格式求解杆中位移随时间的变化（**n=10，m=1500**）

对比图5.8、图5.11～图5.13可以看出，图5.8和图5.11比较接近，图5.12和图5.13比较接近，图5.8和图5.11比图5.12和图5.13更有棱角。接下来我们分析其原因。在利用有限差分法求解问题的过程中，差分格式的选取对求解结果有很大的影响，特别是动力学问题，涉及差分格式的稳定性，一般与问题的物理参数有关，还与不同维度的网格比有关。因此，当网格比选取不合适时，可能根本不能求得收敛的解。下面介绍上述差分格式的稳定性条件。这部分内容引自张文生编著的《微分方程数值解——有限差分理论方法与数值计算》。

首先，令 $v = \partial u/\partial t$，$w = \partial u/\partial x$，$r = as/h$，则方程（5.37）可以写成两个一维波动方程：

$$\begin{cases} \dfrac{\partial v}{\partial t} = a \dfrac{\partial w}{\partial x} \\[3mm] \dfrac{\partial w}{\partial t} = a \dfrac{\partial v}{\partial x} \end{cases} \tag{5.56}$$

建立如下显格式：

$$\begin{cases} \dfrac{v_{i,j+1} - v_{i,j}}{s} = a \dfrac{w_{i+1/2,j} - w_{i-1/2,j}}{h} \\[3mm] \dfrac{w_{i-\frac{1}{2},j+1} - w_{i-\frac{1}{2},j}}{s} = a \dfrac{v_{i,j+1} - v_{i-1,j+1}}{h} \end{cases} \tag{5.57}$$

其中，$v_{i,j} = (u_{i,j} - u_{i,j-1})/s$，$w_{i-\frac{1}{2},j} = a(u_{i,j} - u_{i-1,j})/h$。令 $v_{i,j} = z_1^j \mathrm{e}^{i\sigma ih}$，$w_{i,j} = z_2^j \mathrm{e}^{i\sigma ih}$（i 为虚数单位），将其代入（5.57），则有：

$$\begin{pmatrix} z_1^{n+1} \\ z_2^{n+1} \end{pmatrix} = \boldsymbol{G}(\sigma, \Delta t) \begin{pmatrix} z_1^n \\ z_2^n \end{pmatrix} \tag{5.58}$$

$\boldsymbol{G}$ 为 Von Neumann 方法中的增长矩阵，具体形式如下：

$$\boldsymbol{G}(\sigma, \Delta t) = \begin{bmatrix} 1 & 2\mathrm{i}r\sin\dfrac{\sigma h}{2} \\[3mm] 2\mathrm{i}r\sin\dfrac{\sigma h}{2} & 1 + \left(2\mathrm{i}r\sin\dfrac{\sigma h}{2}\right)^2 \end{bmatrix} \tag{5.59}$$

设 λ 是 $\boldsymbol{G}$ 的特征值，则 $\boldsymbol{G}$ 的特征方程为：

$$\lambda^2 - \left(2 - c^2\right)\lambda + 1 = 0 \tag{5.60}$$

进一步，可以求得该方程的两个特征根为：

$$\lambda_{1,2} = 1 - 2r^2\sin^2\frac{\sigma h}{2} \pm \mathrm{i}\sqrt{4r^2\sin^2\frac{\sigma h}{2}\left(1 - r^2\sin^2\frac{\sigma h}{2}\right)} \tag{5.61}$$

两根的模不大于 1 的充分必要条件为 $r \leqslant 1$。由于 $\boldsymbol{G}$ 不是正规矩阵，所以 $r \leqslant 1$ 仅为差分格式稳定的必要条件。可以证明 $r=1$ 时，格式（5.52）不稳定。因此 $r<1$ 时，即 $r = as/h < 1$，是上述格式稳定的充分必要条件。代入节点数，可得空间方向与时间方向离散节点数的比，以保证格式（5.52）稳定即收敛，即：

$$\frac{aT/m}{L/n} < 1 \Rightarrow \frac{n}{m} < \frac{L}{aT} \tag{5.62}$$

满足网格比条件下，不同节点数对差法数值计算结果的影响如图 5.14～图 5.17 所示。首先，固定 $n=12$，m 取不同值时杆中点位置即 $x=0.5$ m 处位移随时间变化规律如图 5.14 所示。由图可知，随着 m 的增加，结果越来越接近，在 $m=8000$ 和 $m=10000$ 两种网格情况下，计算结果基本一致。为了更好地显示计算结果随 m 的变化，这里显示了 0.18～0.22 s 和 0.58～0.62 s 时段杆中点位置即 $x=0.5$ m 处位移（如图 5.15）。从图中可知，在 0.2 s 时数值结果随 m 增加而收敛更明显。数值结果的相对差别，0.6 s 时是 0.76%，0.2 s 时是 0.68%。

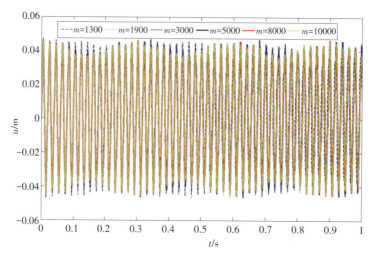

图5.14   给定 $n=12$ 和不同 m 值时杆中点位移随时间的变化

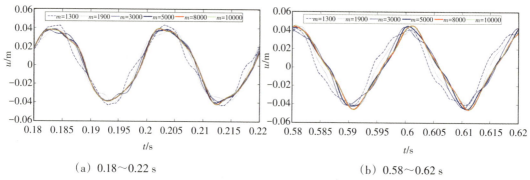

（a）0.18～0.22 s

（b）0.58～0.62 s

图5.15   给定 $n=12$ 和不同 m 值时杆 $x=0.5$ m 处的位移

接下来，我们固定 $m=10000$，不同 n 值对杆中点位移时间响应曲线的影响如图5.16所示，因为需满足网格比收敛条件，所以 n 最大取 90。为了更好地显示节点数对计算结果的影响，我们把 0.2 s 和 0.6 s 时刻邻域的杆中点位置即 $x=0.5$ m 处位移放大如图5.17所示。

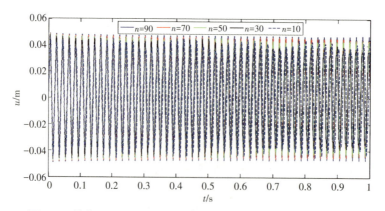

图5.16   给定 $m=10000$ 和不同 n 值时杆 $x=0.5$ m 处的位移时间曲线

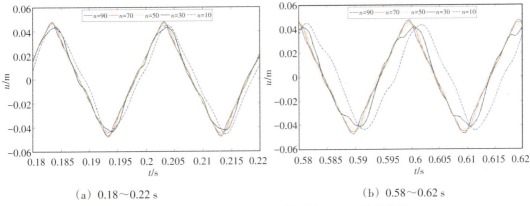

(a) 0.18～0.22 s

(b) 0.58～0.62 s

图 5.17 给定 $m=10000$ 和不同 n 值时杆 $x=0.5$ m 处的位移

对比图 5.15 与图 5.17，在图 5.15 中，$n=12$、$m=10000$ 时计算结果趋于稳定，从图 5.17 中可以看出，$n=90$、$m=10000$ 时结果也趋于稳定，这两个稳定值不完全相同。以杆中间位置在 0.2 s 和 0.6 s 位移为例，$n=12$、$m=10000$ 的计算结果比 $n=90$、$m=10000$ 的计算结果分别小 17.88% 和 13.73%。可见有限差分法求解此类问题数值解的精度不高。为了提高计算结果精度，不仅要满足网格比的收敛条件，还需要特别细化网格。上述结果是利用有限差分法的迭代格式求解的，读者可以尝试有限差分法隐式格式求解。

可以利用解析解来检验上述有限差分法、加权残值法的数值计算结果，如图 5.18 所示。图 5.18 (a) 是 0.5 s 时杆的位移变化，图 5.18 (b) 是杆中点处位移随时间的变化。从图上可以看出当配点加权残值法近似解取 500 项、将定义域离散成 $(n+1)(m+1)=91\times10001$ 点集时，有限差分法计算结果、加权残值法计算结果与解析解结果非常吻合，尤其是加权残值法的计算结果与解析解结果基本一致。

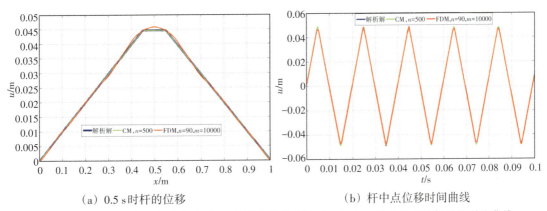

(a) 0.5 s 时杆的位移

(b) 杆中点位移时间曲线

图 5.18 解析法、配点加权残值法（CM）及有限差分法（FDM）三种方法求解杆位移对比曲线

尽管通过解析解与有限差分法数值结果和加权残值法数值结果对比，可以看出两种数值计算方法都可以求解该问题，但是有限差分法需要离散的节点数非常庞大，加权残值法的项数也需要 500 项，看起来比有限差分离散的点数小，需要求解的代数方程组阶数低，加权残值法计算过程中需要求解数值微分与积分，计算速度也比较慢。从图 5.18 上看，加权残值法求解该问题较有限差分法求解该问题更有优势。

5.5 数值实验4：薄板的振动问题

从古至今，板是被人们利用最多的构件之一，从桥梁的路面到车体船体蒙皮，到航天器的大部分结构……在时变外力作用下板会发生振动，这是影响结构寿命的主要因素。下面我们利用加权残值法分析薄板振动力学行为。

5.5.1   问题描述

2016年9月，我国建成500 m口径天文望远镜（five-hundred-meter aperture spherical telescope，FAST）。截至2024年4月17日，FAST共发现新脉冲星900余颗。FAST的反射面由4450块形状不同的三角形平板组成，平均边长为11 m，图5.19是FAST反射面组装现场。我们知道，在外载荷如风荷载的作用下，这些板不可避免会发生振动，可能影响平板的反射效果。下面我们分析板在外载荷作用下的振动。简单起见，这里分析方形薄板在横向动载荷作用下的振动。

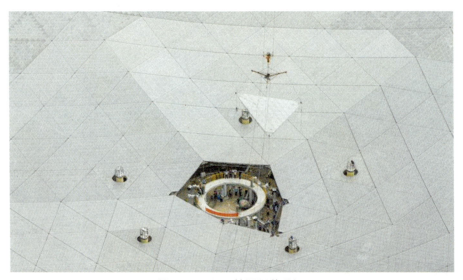

图5.19   FAST镜面组装现场

FAST反射板每个三角形板都有很多三角形骨架支撑，板厚$h=1.3$ mm，为了较为方便地演示加权残值法数值求解板振动过程，这里将问题进行简化，假设反射板为四边简支的矩形薄板，边长$a=50$ cm，$b=30$ cm，如图5.20所示，铝合金材料面密度$\rho=1.62$ kg/m^2，杨氏模量$E=72$ GPa，泊松比$\mu=0.3$，作用横向外载荷$q(t)=q_0\cos\omega t$，其中$q_0=3.75$ N/m^2，ω是外载荷频率。

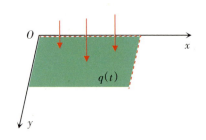

图5.20   四边简支方板受动载荷作用

5.5.2　建立数学模型

设 w 为薄板挠度，在面外横向载荷作用下薄板振动方程为：

$$D\nabla^4 w + \rho \frac{\partial^2 w}{\partial t^2} = q(t) \tag{5.63}$$

其中，$D = Eh^3/12(1-\mu^2)$，根据分析，我们知道该问题满足如下边值条件：

$$\begin{cases} w(0, y, t) = 0 & w(x, 0, t) = 0 \\ w(a, y, t) = 0 & w(x, b, t) = 0 \\ \dfrac{\partial^2 w(0, y, t)}{\partial x^2} = 0 & \dfrac{\partial^2 w(x, 0, t)}{\partial y^2} = 0 \\ \dfrac{\partial^2 w(a, y, t)}{\partial x^2} = 0 & \dfrac{\partial^2 w(x, b, t)}{\partial y^2} = 0 \end{cases} \tag{5.64}$$

假设初始时刻板没有位移和速度，因此满足如下初值条件：

$$\begin{cases} w(x, y, 0) = 0 \\ \dfrac{\partial w(x, y, 0)}{\partial t} = 0 \end{cases} \tag{5.65}$$

5.5.3　数值求解

下面利用最小二乘加权残值内部法数值求解该问题。

（1）构造该定解问题的近似解，因为选用内部加权残值法求解，所以近似解需满足边界条件，这里构造如下的近似解 $\tilde{w}$：

$$\tilde{w}(x, y, t) = \sum_{k=1}^{K}\sum_{j=1}^{m}\sum_{i=1}^{n} C_{ijk} \sin\left(\frac{i\pi x}{a}\right)\sin\left(\frac{j\pi y}{b}\right) t^{k+1} \tag{5.66}$$

（2）求残差。将近似解（5.66）代入方程（5.63），可以求得定义域上的残差 R_V：

$$R_V = D\nabla^4 \tilde{w} - \rho \frac{\partial^2 \tilde{w}}{\partial t^2} - q(t) \tag{5.67}$$

残差可以整理为：

$$R_V = \sum_{k=1}^{K}\sum_{j=1}^{m}\sum_{i=1}^{n} C_{ijk}\left[D\frac{\pi^4}{a^4}(i^2+j^2)^2 t^2 - \rho k(k+1)\right]t^{k-1}\sin\left(\frac{i\pi x}{a}\right)\sin\left(\frac{j\pi y}{b}\right) - 15\cos(\omega t) \tag{5.68}$$

（3）选择权函数，这里选择最小二乘加权残值法进行数值计算，因此权函数选取：

$$W_V = \frac{\partial R_V}{\partial C_{ijk}} = \left[D\frac{\pi^4}{a^4}(i^2+j^2)^2 t^2 - \rho k(k+1)\right]t^{k-1}\sin\left(\frac{i\pi x}{a}\right)\sin\left(\frac{j\pi y}{b}\right) \tag{5.69}$$

其中，$i = 1, \cdots, n$；$j = 1, \cdots, m$；$k = 1, \cdots, K$。共 nmK 个权函数。

（4）组织代数方程组。将残差（5.68）以及权函数（5.69）代入 $\iiint R_V W_V \mathrm{d}x\mathrm{d}y\mathrm{d}t = 0$ 组织方程组为：

$$\iiint \sum_{k=1}^{K}\sum_{j=1}^{m}\sum_{i=1}^{n} C_{ijk}\left[D\pi^4\left(i^2/a^2 + j^2/b^2\right)^2 t^2 - \rho k(k+1)\right] t^{k-1}\sin\left(\frac{i\pi x}{a}\right)\sin\left(\frac{j\pi y}{b}\right)$$

$$\left[D\pi^4\left(I^2/a^2 + J^2/b^2\right)^2 t^2 - \rho IK(IK+1)\right] t^{IK-1}\sin\left(\frac{I\pi x}{a}\right)\sin\left(\frac{J\pi y}{b}\right)\mathrm{d}x\mathrm{d}y\mathrm{d}t$$

$$= \iiint 15\left[D\pi^4\left(I^2/a^2 + J^2/b^2\right)^2 t^2 - \rho IK(IK+1)\right] t^{IK-1}\sin\left(\frac{I\pi x}{a}\right)\sin\left(\frac{J\pi y}{b}\right)\cos(\omega t)\mathrm{d}x\mathrm{d}y\mathrm{d}t$$

$$(I=1, 2, \cdots, n;\ J=1, 2, \cdots, m;\quad IK=1, 2, \cdots, K) \tag{5.70}$$

由（5.70）可知，有 nmK 个未知变量 $C_{ijk}(i=1,\cdots,n;\ j=1,\cdots,m;\ k=1,\cdots,K)$ 和 nmK 个方程，且所有方程为线性方程。由于三角函数的正交性，相同的 i 和 j，K 个方程是相互独立的，可以通过求解 K 个线性方程组求得。将（5.70）进一步化简：

$$\frac{ab}{4}\int_0^T \sum_{k=1}^{K} C_{ijk}\left[D\pi^4\left(i^2/a^2 + j^2/b^2\right)^2 t^2 - \rho k(k+1)\right]\left[D\pi^4\left(i^2/a^2 + j^2/b^2\right)^2 t^2 - \rho IK(IK+1)\right] t^{IK+k-2}\mathrm{d}t$$

$$= \frac{ab}{ij\pi^2}\int_0^T 15\left[D\pi^4\left(i^2/a^2 + j^2/b^2\right)^2 t^2 - \rho IK(IK+1)\right] t^{IK-1}\cos(\omega t)\mathrm{d}t$$

$$(IK=1,2,\cdots,K;\ i \text{ 和 } j \text{ 均为奇数}) \tag{5.71}$$

这样的方程有 $ij(i=1,2,\cdots,n;\ j=1,2,\cdots,m)$ 个，共 nm 组，但是只有 i 和 j 同为奇数时，系数才有非零解。

（5）数值求解，并对数值结果进行评估。方程（5.71）计算 C_{ijk} 的系数矩阵和常数项，将其代入 2.5 节的程序，便可以求解 C_{ijk}，读者可以自行编写程序，也可以扫描附录 2 中的二维码查看程序。进一步就可以计算板的振动挠度，并对结果进行评估。首先图 5.21 呈现了两个时刻的板挠度，$t=0.1837$ s 时刻板的挠度绘制在图 5.21（a）中，$t=0.3878$ s 时刻的板挠度绘制在图 5.21（b）中，其中近似函数的项数为 1470（$m=7$、$n=7$、$K=30$）。

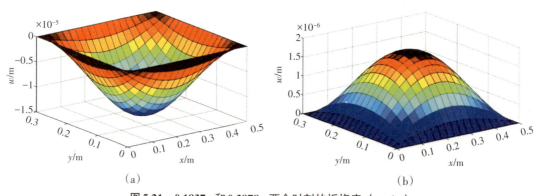

（a）　　　　　　　　　　　　　　　　　（b）

图 5.21　0.1837 s 和 0.3878 s 两个时刻的板挠度（$\omega=4\pi$）

通常情况下，加权残值法数值求解力学问题时，近似解的项数越多结果越精确。图 5.22 给出了取不同近似解项数时板中心处挠度随时间的变化曲线。从图 5.22 可以看出，近似解取不同项数板中点挠度随时间变化不同，特别是在大约 0.6 s 之后，数值结果受近似解项数的影响明显。因此，为了提高计算精度，必须增加近似解项数，这样计算速度就会变慢。事实上，即便当近似解项数取到 1470（$m=7$、$n=7$、$K=30$）时，也很难判断数值计算结果是否正确，或者很难判断结果可以精确到我们设置的误差范围，因此必须选择更多的近似解项数进行计算。另外，可以寻求其他办法对数值结果进行评估。这个问题恰好有精确解，因此可以使用精确解对数值计算结果进行评估。

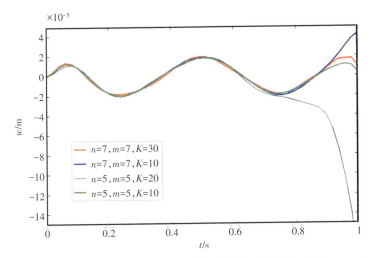

图5.22 近似解取不同项数时板中点挠度随时间的变化曲线（$\omega=4\pi$）

根据分离变量法我们知道，薄板固有函数为 $\sin\left(\dfrac{i\pi x}{a}\right)\sin\left(\dfrac{j\pi y}{b}\right)$，利用薄板固有函数展开法，薄板的振动挠度可以展开为如下形式：

$$w = \sum_{i=1}^{n}\sum_{j=1}^{m} w_{ij}(t)\sin\left(\frac{i\pi x}{a}\right)\sin\left(\frac{j\pi y}{b}\right) \tag{5.72}$$

将（5.72）代入定解方程和边界条件（5.63）～（5.65），可以得到该振动问题的解析解如下：

$$w = \frac{16q_0}{\rho\pi^2}\sum_{i=1}^{n}\sum_{j=1}^{m}\frac{1}{\omega_{ij}^2 - \omega^2}\left[\cos(\omega t) - \cos(\omega_{ij} t)\right]\sin\left(\frac{i\pi x}{a}\right)\sin\left(\frac{j\pi y}{b}\right) \tag{5.73}$$

其中，$\omega_{ij} = \pi^2(i^2/a^2 + j^2/b^2)\sqrt{D/\rho}$，$i$ 和 j 均为奇数。这样便可以根据解析解来评价数值解算结果。图5.23呈现了解析解与数值解的对比，其中数值解中近似解的项数为250（$n=5$，$m=5$，$K=10$）。由图5.23可以看出，解析解随时间变化的细节非常丰富，利用加权残值法求解的数值结果只能在平均意义上与解析解接近，因此数值计算结果显然精度不够。从解析解与加权残值法近似解的函数表达式上可以看出，前者的时间项系数与空间项系数有一定的关系，而上述加权残值法近似解的选取没有考虑这一点，导致数值解算结果的精度不能满足要求。这就是说，在利用加权残值法数值求解问题时，近似解的选取非常重要，如果在近似解的选取上不能考虑问题本身的信息，可能会导致求解不精确，甚至不正确，选用数值计算方法时需要慎重考虑。因此，初值问题使用加权残值法求解时一定要注意选取近似解需要考虑待定系数在时空上的耦合。按照（5.66）选取近似解函数使用加权残值法求解该问题不太合适。

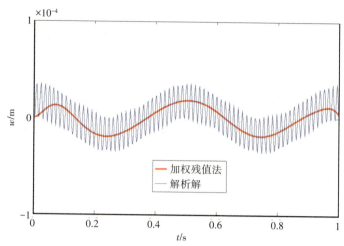

图5.23 板中点挠度随时间变化加权残值法数值解和
解析解比较（$\omega=4\pi$）

通过上述数值实验演示了加权残值法求解力学问题的过程，同时也显示了加权残值法数值求解力学问题的优势和不足，加权残值法在求解静力学问题时更能显示出其优越性。

习题

1.长度为L、截面抗弯刚度为EI的等截面梁，在梁中点作用集中力P，如图1所示，利用加权残值法求梁的挠度并与解析解进行对比。

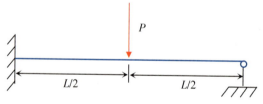

图1 梁在集中力作用下弯曲

2.四边简支的矩形薄板，长为a，宽为b，杨氏模量和泊松比分别为E和μ，板中心作用集中力P，利用加权残值法求解板挠度。

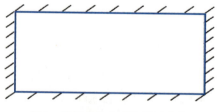

图2 薄板在集中力作用下弯曲

3.矩形钢板中间有圆孔问题，两对边受均布载荷为q的拉力，另外两对边自由，板厚h，长a，宽b，利用加权残值法求板面内最大应力和应变。

4. 调研教室楼板几何参数、材料参数，建立考虑自重的楼板在学生上课时弯曲变形控制方程和边界条件，利用加权残值法求解楼板弯曲变形及板的最大应力和应变。

5. 一河道中间有一圆柱，河道宽 20 m，圆柱直径 20 cm，河水入口水流速为 5 m/s，利用加权残值法求解圆柱周围的水速和压力。

6. 有一质量为 0.06 t 的物体 S 放置于地面结构物 AB 上，如图 3（a）所示，结构物的左端通过阻尼器与墙壁链接，右端作用如图 3（b）的作用力 $p(t)$，作用时长 0.5 s，最大作用力为 10 kN，结构物的刚度为 10 kN/cm，阻尼系数为 100 N/cm，求物体 S 的位移。

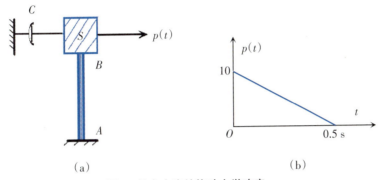

图3 单自由度结构动力学响应

7. 调研不同沙尘天气中沙尘颗粒的几何、物理、化学属性，利用加权残值法求解沙尘颗粒对太阳光的散射系数。

8. 随着建筑工程技术的发展以及人们对居住环境要求的提高，大城市中高楼林立，这些高楼在设计中充分地考虑了抗震要求。调研细高型多层住宅楼在地震横波作用下的动力响应，并评价其抗震能力。

第6章　变分法近似求解力学问题

变分法近似是一种数值求解力学问题的方法，通常分为直接变分法近似〔即 Ritz（Raleigh-Ritz）法〕和间接变分法近似（即 Galerkin 法）。变分法近似的求解步骤与加权残值法的求解步骤类似，这两种方法都需要给出所研究问题的近似解，类似于半逆解法，特别是间接变分法近似（Galerkin 法）就是 Galerkin 加权残值法，只不过变分法近似给出了非常严格的数学原理，使得这种计算力学方法有理有据，更加严谨。根据变分原理及变分法近似，我们知道加权残值法有了更严谨的理论支撑，同时变分原理及变分法近似介绍了力学问题的另外一种解法，即通过泛函取极值的方法求解力学问题的解，这将是有限单元法建立单元控制方程的理论支撑。

变分近似数值求解力学问题的步骤类似于加权残值法的步骤，不同于有限差分法，首先需要给出力学问题的近似解，近似解由求解定义域的函数和待定系数组成，对问题的解进行了近似，最终构造的代数方程组是关于近似解系数的方程组，因此求解的未知变量是近似解的系数，最终可以得到力学问题所研究变量的解析解。但是变分法近似和加权残值法有各自的理论和算法，在数值求解力学问题中，两种方法有各自的特点，两种方法的实现过程也有所不同。

6.1　主要求解过程与步骤

6.1.1　Ritz 变分法近似求解力学问题的步骤

（1）建立泛函。根据问题确定待求未知量，并建立以此未知变量为函数的泛函。对于力学问题来说，可以建立以位移为未知变量的能量泛函。

（2）构造该问题的近似解。假设未知变量的近似解，近似解由坐标的函数序列和待定系数构成，坐标的函数序列要满足连续性、完备性，且近似解需要满足所有几何边界条件，即位移边界条件。

（3）组织代数方程组。将近似解代入泛函，通过对泛函求极值确定待定系数方程组。通常情况下，泛函是一个积分函数，泛函由未知变量决定，未知变量由坐标函数和待定系数组成，因此泛函积分后其值由待定系数确定，对泛函取极值即一阶变分等于零，最终转换成了对待定系数函数求极值的问题。然后通过函数求极值建立关于待定系数的代数方程组。

（4）数值求解，并对数值结果进行评估。求解关于待定系数的代数方程组，得到待定系数的解。通常情况下，如果定解问题的控制方程是线性的，那么关于待定系数的代数方程也是线性的，很容易通过求解线性代数方程组得到待定系数的解。将待定系数的解回代到近似解中，即可得到未知变量的一个近似的解析解。显然，未知变量的结果由待定系数的解和坐标序列函数决定，当确定了坐标函数序列后，对变量的结果进行评估，确定最后求解的未知变量是否正确，数值结果的精度是否能达到要求。

6.1.2 Galerkin变分法近似求解力学问题的步骤

（1）写出该问题的定解方程。如果问题的定解方程没有给出，根据问题，确定待求未知量，并建立以此未知变量为函数的泛函，根据泛函一阶变分等于零导出定解方程。如果问题的定解方程已知，这一步可以省略，这与Ritz法不同。

（2）构造该问题的近似解。假设未知变量的近似解，近似解由坐标的函数序列和待定系数构成，坐标的函数序列要满足连续性、完备性，且近似解需要满足所有边界条件（这里与Ritz法的要求不同）。

（3）组织代数方程组。将未知变量的近似解代入定解方程并与近似解序列每一项相乘，让每一个乘积在求解域上积分等于零，建立关于近似解系数的代数方程组。注意，这里建立最终的系数方程组与Ritz法方程的建立过程也不同。

（4）数值求解，并对数值结果进行评估。求解关于近似解系数的代数方程组，得到系数的数值解。将系数数值解回代到近似解得到该问题的一个近似解，进一步对该解进行评估。

接下来，开展数值实验，利用变分法近似数值求解力学问题，展示变分法近似求解力学问题的过程，并指出其中的注意事项。

6.2 数值实验1：地基梁弯曲问题

仍然以上述地基梁弯曲问题和板的弯曲问题为例，显示变分法近似求解力学问题的实现过程。间接变分法近似解法（Galerkin法）得到的代数方程与伽辽金加权残值法得到的代数方程一样，因此这里只介绍直接变分法近似解法即
Ritz法的求解过程。

6.2.1 数值求解

这里不再赘述题目和参数等，请查阅4.2节，边界条件与5.2节相同。

（1）建立泛函。用直接变分法近似求解问题，首先要建立力学问题的泛函，通常情况下，力学问题的泛函为能量泛函。设地基梁截面为等截面矩形，如图6.1所

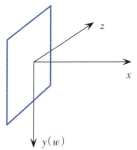

图6.1 梁截面示意图

示，设地基梁挠度为 w，梁截面应力、应变分别为 σ、ε，则梁内的应变能密度为 $\sigma\varepsilon/2$。对于线弹性梁，有 $\sigma=E\varepsilon$，则梁的应变能为 $\iiint E\varepsilon^2/2\mathrm{d}V$，其中 $\varepsilon = y\left(\mathrm{d}^2 w/\mathrm{d}x^2\right)$。注意，这里的外力势包含作用在梁上的分布载荷的外力势，还有地基受梁压迫产生的反力势，反力的大小与梁挠度成正比且与分布载荷外力的方向相反，梁上的外力势为 $-\int\left(qw - kw^2/2\right)\mathrm{d}x$。因此梁的泛函为：

$$J = \int_0^L\left[\iint\frac{E}{2}\left(y\frac{\mathrm{d}^2 w}{\mathrm{d}x^2}\right)^2\mathrm{d}y\mathrm{d}z + \frac{kw^2}{2} - qw\right]\mathrm{d}x \tag{6.1}$$

进一步化简有：

$$J = \int_0^L\left[\frac{EI}{2}\left(\frac{\mathrm{d}^2 w}{\mathrm{d}x^2}\right)^2 + \frac{kw^2}{2} - qw\right]\mathrm{d}x \tag{6.2}$$

（2）构造该问题的近似函数。接下来给出未知变量的近似解，直接变分法近似解法给出的近似解需要满足位移边界条件，该问题边界为两端固支，即位移为零，转角为零，恰好都是位移边界条件，因此选择的近似解与加权残值内部法所选近似解可相同，为：

$$\tilde{w} = \sum_{i=1}^n C_i x^{i+1}\left(L - x\right)^2 \tag{6.3}$$

其中，C_i（$i=1, 2, …, n$）为待定系数。

（3）组织代数方程组。直接变分法的基本方程为：

$$\frac{\partial J}{\partial C_i} = 0 \quad (i = 1, 2, \cdots, n) \tag{6.4}$$

将近似解（6.3）带入（6.4），得到直接变分法的代数方程组：

$$\frac{\partial J}{\partial C_i} = \frac{\partial}{\partial C_i}\int_0^L\left\{\frac{EI}{2}\left(\frac{\mathrm{d}^2\tilde{w}}{\mathrm{d}x^2}\right)^2 + \frac{k\tilde{w}^2}{2} - q\tilde{w}\right\}\mathrm{d}x = 0 \quad (i = 1, \cdots, n) \tag{6.5}$$

进一步运算：

$$\begin{aligned}
\frac{\partial J}{\partial C_i} &= \frac{\partial}{\partial C_i}\int_0^L\left\{\frac{EI}{2}\left(\frac{\mathrm{d}^2\tilde{w}}{\mathrm{d}x^2}\right)^2 + \frac{k\tilde{w}^2}{2} - q\tilde{w}\right\}\mathrm{d}x \\
&= \int_0^L\frac{\partial}{\partial C_i}\left\{\frac{EI}{2}\left(\frac{\mathrm{d}^2\tilde{w}}{\mathrm{d}x^2}\right)^2 + \frac{k\tilde{w}^2}{2} - q\tilde{w}\right\}\mathrm{d}x \\
&= \int_0^L\left\{EI\frac{\partial^2\tilde{w}}{\partial x^2}\frac{\partial}{\partial C_i}\left(\frac{\partial^2\tilde{w}}{\partial x^2}\right) + k\tilde{w}\frac{\partial\tilde{w}}{\partial C_i} - q\frac{\partial\tilde{w}}{\partial C_i}\right\}\mathrm{d}x = 0
\end{aligned} \tag{6.6}$$

为了直观地展示直接变分法的具体方程，方便读者查看和学习，这里展示第一个和第二个方程与最后一个方程。

第一个方程：

$$\int_0^L \left\{ \begin{array}{l} [A_2^2 L^2 - 2A_3^2 Lx + A_4^2 x^2] \sum_{j=1}^n C_j [A_{j+1}^2 L^2 x^{j-1} - 2A_{j+2}^2 Lx^j + A_{j+3}^2 x^{j+1}] + \\ kx^2 (L-x)^2 \sum_{j=1}^n C_j x^{1+j} (L-x)^2 /EI \end{array} \right\} dx \tag{6.7a}$$

$$= \int_0^L \frac{q}{EI} x^2 (L-x)^2 dx$$

第二个方程：

$$\int_0^L \left\{ \begin{array}{l} [A_3^2 L^2 x^1 - 2A_4^2 Lx^2 + A_5^2 x^3] \sum_{j=1}^n C_j [A_{j+1}^2 L^2 x^{j-1} - 2A_{j+2}^2 Lx^j + A_{j+3}^2 x^{j+1}] + \\ kx^3 (L-x)^2 \sum_{j=1}^n C_j x^{1+j} (L-x)^2 /EI \end{array} \right\} dx \tag{6.7b}$$

$$= \int_0^L \frac{q}{EI} x^3 (L-x)^2 dx$$

最后一个方程：

$$\int_0^L \left\{ \begin{array}{l} [A_{n+1}^2 L^2 x^{n-1} - 2A_{n+2}^2 Lx^n + A_{n+3}^2 x^{n+1}] \sum_{j=1}^n C_j [A_{j+1}^2 L^2 x^{j-1} - 2A_{j+2}^2 Lx^j + A_{j+3}^2 x^{j+1}] + \\ kx^{1+n} (L-x)^2 \sum_{j=1}^n C_j x^{1+j} (L-x)^2 /EI \end{array} \right\} dx$$

$$= \int_0^L \frac{q}{EI} x^{n+1} (L-x)^2 dx$$

$$\tag{6.7c}$$

（4）数值求解，并对数值结果进行评估。上述方程是关于系数 C_i 的代数方程组，利用 2.5 节的代码便可求解梁的挠度（见附录 2 中的二维码），读者也可自行编写程序完成，这里要注意的是，系数 C_i 的系数矩阵需要先积分再求解。

将得到的系数 C_i 回代到近似解（6.3）中，便可得到该问题的一个近似解，结果呈现在图 6.2 中。图 6.2（a）绘制了梁的挠度在近似解项数为 2 和近似解项数为 20 的结果。从图 6.2（a）可以看出，直接变分近似解法取很少的项数，结果已经比较精确了。图 6.2（b）比较了直接变分法近似解法计算的梁挠度和最小二乘加权残值法计算的梁的挠度。尽管直接变分法近似解法与最小二乘加权残值法的基本思想相同，都是取极值，前者是让能量泛函取极值，后者是让控制方程残差和取极值，两种方法构造的代数方程显著不同，但是最终求解的地基梁挠度的收敛值是相同的，如图 6.2（b）所示。

图 6.2（b）显示，直接变分法近似解结果与最小二乘加权残值法结果基本相同，并且近似解只取 2 项，结果非常接近，且图 6.2（a）显示直接变分近似法的数值结果的收敛性也非常好，说明最小二乘加权残值法和变分法近似在解算这一类力学问题时需要求解的线性代数方程组的阶数很低。当然，在求解过程中由于需要处理大量的积分、微分运算，计算量能否降低还与问题本身的性质有关。

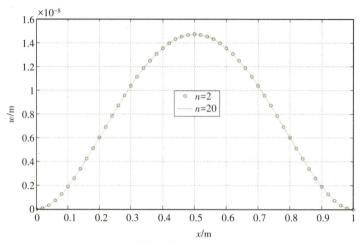

（a）直接变分近似法数值解算结果，近似解分别取2项和取20项

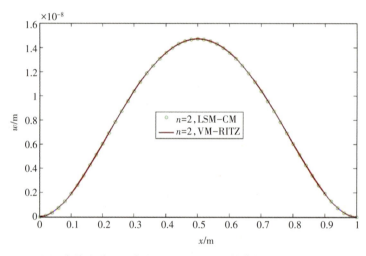

（b）直接变分法近似解（VM-RITZ）数值结果和最小二乘-配点加权残值法数值结果（LSM-CM）对比，近似解均取2项

图6.2　地基梁弯曲挠度

6.3　数值实验2：薄板弯曲问题

6.3.1　数值求解

接下来利用直接变分法近似解法，数值求解4.4节中（如图6.3所示）的薄板弯曲挠度，几何尺寸、物理参数以及外载荷均与4.4节中的情况相同。

（1）建立泛函。根据直接变分法近似解法理论，设板中面挠度为w沿z轴方向，首先建立以薄板挠度为自变量的泛函。对于薄板弯曲问题，可以建立能量泛函，包含薄板应变能和外力势。根据薄板假设，薄板中主要应力为σ_x、σ_y、τ_{xy}，对应的应变为ε_x、ε_y、γ_{xy}。应力分量、应变分量与板挠度间的关系为：

$$\sigma_x = \frac{-Ez}{1-\mu^2}\left(\frac{\partial^2 w}{\partial x^2} + \mu\frac{\partial^2 w}{\partial y^2}\right)$$

$$\sigma_y = \frac{-Ez}{1-\mu^2}\left(\frac{\partial^2 w}{\partial y^2} + \mu\frac{\partial^2 w}{\partial x^2}\right) \tag{6.8}$$

$$\tau_{xy} = \frac{-Ez}{1+\mu}\frac{\partial^2 w}{\partial x \partial y}$$

$$\varepsilon_x = -z\frac{\partial^2 w}{\partial x^2}, \quad \varepsilon_y = -z\frac{\partial^2 w}{\partial y^2}, \quad \gamma_{xy} = -2z\frac{\partial^2 w}{\partial x \partial y}$$

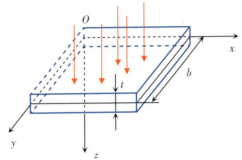

图6.3　薄板几何尺寸以及受外载荷示意图

则该薄板的应变能为：

$$U = \iiint \frac{1}{2}\left(\sigma_x \varepsilon_x + \sigma_y \varepsilon_y + \tau_{xy} \gamma_{xy}\right)\mathrm{d}V$$

$$= \frac{E}{2(1-\mu^2)}\iiint z^2\left[\left(\frac{\partial^2 w}{\partial x^2}\right)^2 + \left(\frac{\partial^2 w}{\partial y^2}\right)^2 + 2\mu\frac{\partial^2 w}{\partial x^2}\frac{\partial^2 w}{\partial y^2} + 2(1-\mu)\left(\frac{\partial^2 w}{\partial x \partial y}\right)^2\right]\mathrm{d}V \tag{6.9}$$

该问题考虑雪荷载作用在薄板上，假设雪荷载均匀分布在薄板上，相当于均布荷载压在薄板上，其外力势为$-\iint_S q\,w\mathrm{d}x\mathrm{d}y$。则薄板的能量泛函为：

$$J = \frac{1}{2}\iint_S D\left\{(\nabla^2 w)^2 - 2(1-\mu)\left[\frac{\partial^2 w}{\partial x^2}\frac{\partial^2 w}{\partial y^2} - (\frac{\partial^2 w}{\partial x \partial y})^2\right]\right\}\mathrm{d}x\mathrm{d}y - \iint_S q\,w\mathrm{d}x\mathrm{d}y \tag{6.10}$$

（2）构造挠度近似解。Ritz法要求构造的近似解满足位移边界，该问题中薄板四边简支，薄板的边界条件分别为四边位移为零，以及$x=0$和$x=a$两边$M_x=0$、$y=0$和$y=b$两边$M_y=0$，因此可以假设如下挠度近似解：

$$\tilde{w} = \sum_{i=1}^{n}\sum_{j=1}^{m}C_{ij}\sin\left(\frac{i\pi x}{a}\right)\sin\left(\frac{j\pi y}{b}\right) \tag{6.11}$$

其中，C_{ij}（$i=1, 2, \cdots, n$；$j=1, 2, \cdots, m$）为待定系数。

（3）组织代数方程组。将近似解（6.11）带入直接变分法基本方程$\partial J/\partial C_{ij} = 0$，整理得到如下方程组：

$$\frac{\partial J}{\partial C_{ij}} = \frac{\partial}{\partial C_{ij}}\left\{\frac{1}{2}\iint_s D\left\{\begin{matrix}(\nabla^2\tilde{w})^2 - 2(1-\mu)\\ [\frac{\partial^2\tilde{w}}{\partial x^2}\frac{\partial^2\tilde{w}}{\partial y^2} - (\frac{\partial^2\tilde{w}}{\partial x\partial y})^2]\end{matrix}\right\}\mathrm{d}x\mathrm{d}y - \iint_s q\,\tilde{w}\mathrm{d}x\mathrm{d}y\right\} = 0 \tag{6.12}$$

$$(i = 1, 2, \cdots, n\,;\,j = 1, 2, \cdots, m)$$

进一步整理为：

$$\iint_s\left\{\begin{matrix}\nabla^2\tilde{w}\dfrac{\partial\nabla^2\tilde{w}}{\partial C_{ij}} - (1-\mu)\\[6pt] \left[\dfrac{\partial}{\partial C_{ij}}\left(\dfrac{\partial^2\tilde{w}}{\partial x^2}\right)\dfrac{\partial^2\tilde{w}}{\partial y^2} + \dfrac{\partial^2\tilde{w}}{\partial x^2}\dfrac{\partial}{\partial C_{ij}}\left(\dfrac{\partial^2\tilde{w}}{\partial y^2}\right) - \dfrac{\partial^2\tilde{w}}{\partial x\partial y}\dfrac{\partial}{\partial C_{ij}}\left(\dfrac{\partial^2\tilde{w}}{\partial x\partial y}\right)\right]\end{matrix}\right\}\mathrm{d}x\mathrm{d}y$$

$$= \iint_s q\frac{\partial\tilde{w}}{\partial C_{ij}}/D\mathrm{d}x\mathrm{d}y \tag{6.13}$$

$$(i = 1, 2, \cdots, n\,;\,j = 1, 2, \cdots, m)$$

则有：

$$\iint_s\pi^4\left\{\begin{matrix}\left[\left(\dfrac{M}{a}\right)^2 + \left(\dfrac{N}{b}\right)^2\right]\sin\left(\dfrac{N\pi x}{a}\right)\sin\left(\dfrac{M\pi y}{b}\right)\sum_{i=1}^n\sum_{j=1}^m\left[\left(\dfrac{i}{a}\right)^2 + \left(\dfrac{j}{b}\right)^2\right]C_{ij}\sin\left(\dfrac{i\pi x}{a}\right)\sin\left(\dfrac{j\pi y}{b}\right)\\[10pt] -(1-\mu)\left[\begin{matrix}\sin\left(\dfrac{N\pi x}{a}\right)\sin\left(\dfrac{M\pi y}{b}\right)\sum_{i=1}^n\sum_{j=1}^m\dfrac{(iM)^2 + (jN)^2}{a^2b^2}C_{ij}\sin\left(\dfrac{i\pi x}{a}\right)\sin\left(\dfrac{j\pi y}{b}\right)\\[8pt] -\sin\left(\dfrac{N\pi x}{a}\right)\sin\left(\dfrac{M\pi y}{b}\right)\sum_{i=1}^n\sum_{j=1}^m\dfrac{ijMN}{a^2b^2}C_{ij}\sin\left(\dfrac{i\pi x}{a}\right)\sin\left(\dfrac{j\pi y}{b}\right)\end{matrix}\right]\end{matrix}\right\}\mathrm{d}x\mathrm{d}y$$

$$= \iint_s q\sin\left(\frac{N\pi x}{a}\right)\sin\left(\frac{M\pi y}{b}\right)/D\mathrm{d}x\mathrm{d}y$$

$$(N = 1, 2, \cdots, n\,;\,\,M = 1, 2, \cdots, m)$$

$$\tag{6.14}$$

（4）数值求解，并对数值结果进行评估。根据三角函数的正交性，系数C_{ij}可以解析求解为：

$$C_{ij} = \begin{cases}\dfrac{16q(ab)^4}{D_{ij}\pi^6\left[(b_i)^2 + (a_j)^2\right]^2} & (j, i\text{ 奇数})\\[12pt] 0 & (j, i\text{ 其他})\end{cases} \tag{6.15}$$

$$(i = 1, 2, \cdots, n\,;\,j = 1, 2, \cdots, m)$$

对比系数（6.15）与最小二乘加权残值法求解该问题得到的近似解系数（5.32），可以发现这两个系数表达式是相同的，也就是说，在用直接变分法近似求解板弯曲挠度与用最小二乘加权残值法求解板弯曲挠度得到的解答是相同的。另外，在5.3节中也发现，用最小二乘加权残值法与用伽辽金加权残值法求解该问题，近似解系数可以解析表达，两种方法得到的解析解相同，与直接变分法近似解得到的系数表达式相同。注意，这里不能说这三种方法是相同的，只是在按照（6.11）所示的近似解构造下，使用三种方法求解这个板弯曲的问题时得到的近似解系数是相同的，这当然与问题的边界条件等有关。另外，与选择的挠度近似解为上述所示的三角函数形式相关。

6.3.2　结果分析及讨论

直接变分法的近似解只需要满足位移边界条件，直接变分法挠度的近似解可选取为：

$$\tilde{w} = \sum_{i=1}^{n}\sum_{j=1}^{m} C_{ij} x^i y^j (x-a)(y-b) \tag{6.16}$$

对于内部加权残值法，近似解需要满足所有边界条件，因此，如果选用多项式为基函数的近似解，其形式应为：

$$\tilde{w} = \sum_{i=1}^{n}\sum_{j=1}^{m} C_{ij} x^{i+2} y^{j+2} (x-a)^3 (y-b)^3 \tag{6.17}$$

这时，再将上述的近似解带入各自算法的方程中，组成的方程组将各不相同，因此得到的近似解系数也将不同。下面分别用变分法近似Ritz法和最小二乘加权残值内部法求解该问题。

首先利用变分法近似进行数值求解。

（1）以板挠度为未知变量建立泛函，上述近似解代入泛涵（6.12）有：

$$J = \frac{1}{2}\iint_s D\left\{(\nabla^2\tilde{w})^2 - 2(1-\mu)\left[\frac{\partial^2\tilde{w}}{\partial x^2}\frac{\partial^2\tilde{w}}{\partial y^2} - (\frac{\partial^2\tilde{w}}{\partial x\partial y})^2\right]\right\}dxdy - \iint_s q\,\tilde{w}dxdy \tag{6.18}$$

（2）从（6.18）中可以看出，J的值依赖C_{ij}，因此求J的极值可以转换成求多元函数$J(C_{11}, \cdots, C_{nm})$的极值问题，因此：

$$\frac{\partial J}{\partial C_{ij}} = \frac{\partial}{\partial C_{ij}}\left(\frac{1}{2}\iint_s D\left\{(\nabla^2\tilde{w})^2 - 2(1-\mu)\left[\frac{\partial^2\tilde{w}}{\partial x^2}\frac{\partial^2\tilde{w}}{\partial y^2} - (\frac{\partial^2\tilde{w}}{\partial x\partial y})^2\right]\right\}dxdy - \iint_s q\,\tilde{w}dxdy\right) = 0 \tag{6.19}$$

进一步化简有：

$$\frac{\partial J}{\partial C_{ij}} = \frac{\partial}{\partial C_{ij}}\left(\frac{1}{2}\iint_s D\left\{\left(\frac{\partial^2\tilde{w}}{\partial x^2}\right)^2 + \left(\frac{\partial^2\tilde{w}}{\partial y^2}\right)^2 + 2\mu\frac{\partial^2\tilde{w}}{\partial x^2}\frac{\partial^2\tilde{w}}{\partial y^2} + 2(1-\mu)\left[\frac{\partial^2\tilde{w}}{\partial x\partial y}\right]^2\right\}dxdy - \iint_s q\,\tilde{w}dxdy\right)$$

$$= \iint_s D\left\{\begin{array}{l}\dfrac{\partial^2\tilde{w}}{\partial x^2}\dfrac{\partial^2}{\partial x^2}\left(\dfrac{\partial\tilde{w}}{\partial C_{ij}}\right) + \dfrac{\partial^2\tilde{w}}{\partial y^2}\dfrac{\partial^2}{\partial y^2}\left(\dfrac{\partial\tilde{w}}{\partial C_{ij}}\right) + \\[2mm] \mu\left(\dfrac{\partial^2}{\partial x^2}\left(\dfrac{\partial\tilde{w}}{\partial C_{ij}}\right)\dfrac{\partial^2\tilde{w}}{\partial y^2} + \dfrac{\partial^2}{\partial y^2}\left(\dfrac{\partial\tilde{w}}{\partial C_{ij}}\right)\dfrac{\partial^2\tilde{w}}{\partial x^2}\right) + \\[2mm] (1-\mu)\dfrac{\partial^2\tilde{w}}{\partial x\partial y}\dfrac{\partial^2}{\partial x\partial y}\left(\dfrac{\partial\tilde{w}}{\partial C_{ij}}\right)\end{array}\right\}dxdy - \iint_s q\frac{\partial\tilde{w}}{\partial C_{ij}}dxdy \tag{6.20}$$

$$= 0$$
$$(i=1, 2, \cdots, n; j=1, 2, \cdots, m)$$

根据 $\partial J/\partial C_{ij} = 0$ 可以得到相应的方程组：

$$\sum_{i=1}^{n}\sum_{j=1}^{m} C_{ij} \iint_S \left\{ \begin{matrix} \left\{ N\big[(N+1)x - (N-1)a\big]y^2(y-b) + \mu M\big[(M+1)y - (M-1)b\big]x^2(x-a) \right\} \\ ix^{i+N-4}y^{j+M-2}\big[(i+1)x - (i-1)a\big](y-b)\mathrm{d}x\mathrm{d}y \end{matrix} \right\} +$$

$$\sum_{i=1}^{n}\sum_{j=1}^{m} C_{ij} \iint_S \left\{ \begin{matrix} \left\{ \mu N\big[(N+1)x - (N-1)a\big]y^2(y-b) + M\big[(M+1)y - (M-1)b\big]x^2(x-a) \right\} \\ jx^{i+N-2}y^{j+M-4}\big[(j+1)y - (j-1)b\big](x-a)\mathrm{d}x\mathrm{d}y \end{matrix} \right\} +$$

$$\sum_{i=1}^{n}\sum_{j=1}^{m} C_{ij} \iint_S \left(\begin{matrix} (1-\mu)\big[(N+1)x - Na\big]\big[(M+1)y - Mb\big] \\ x^{i+N-2}y^{j+M-2}\big[(i+1)x - ia\big]\big[(j+1)y - jb\big]\mathrm{d}x\mathrm{d}y \end{matrix} \right)$$

$$= \frac{q}{D} \iint_S x^N y^M (x-a)(y-b)\,\mathrm{d}x\mathrm{d}y$$

$$(N = 1, 2, \cdots, n;\ \ M = 1, 2, \cdots, m)$$

$$(6.21)$$

上述方程 x、y 的幂指数均非负，因此幂指数小于零的项自动删除，显然上式关于 C_{ij} 的代数方程组是线性的，C_{ij} 的系数比较复杂。这里将第一个方程和最后一个方程展示如下。

第一个方程：

$$\sum_{i=1}^{n}\sum_{j=1}^{m} C_{ij} \iint_S \big[2y(y-b) + 2\mu x(x-a) \big] ix^{i-2}y^j\big[(i+1)x - (i-1)a\big](y-b)\mathrm{d}x\mathrm{d}y +$$

$$\sum_{i=1}^{n}\sum_{j=1}^{m} C_{ij} \iint_S \big[2\mu y(y-b) + 2x(x-a) \big] jx^i y^{j-2}\big[(j+1)y - (j-1)b\big](x-a)\mathrm{d}x\mathrm{d}y +$$

$$\sum_{i=1}^{n}\sum_{j=1}^{m} C_{ij} \iint_S (1-\mu)(2x-a)(2y-b) x^{i-1}y^{j-1}\big[(i+1)x - ia\big]\big[(j+1)y - jb\big]\mathrm{d}x\mathrm{d}y \qquad (6.22a)$$

$$= \frac{q}{D} \iint_S xy(x-a)(y-b)\,\mathrm{d}x\mathrm{d}y$$

$$(N = 1,\ M = 1)$$

最后一个方程：

$$\sum_{i=1}^{n}\sum_{j=1}^{m} C_{ij} \iint_S \left\{ \begin{matrix} \left\{ n\big[(n+1)x - (n-1)a\big]y^2(y-b) + \mu m\big[(m+1)y - (m-1)b\big]x^2(x-a) \right\} \\ ix^{i+n-4}y^{j+m-2}\big[(i+1)x - (i-1)a\big](y-b)\mathrm{d}x\mathrm{d}y \end{matrix} \right\} +$$

$$\sum_{i=1}^{n}\sum_{j=1}^{m} C_{ij} \iint_S \left\{ \begin{matrix} \left\{ \mu n\big[(n+1)x - (n-1)a\big]y^2(y-b) + m\big[(m+1)y - (m-1)b\big]x^2(x-a) \right\} \\ jx^{i+n-2}y^{j+m-4}\big[(j+1)y - (j-1)b\big](x-a)\mathrm{d}x\mathrm{d}y \end{matrix} \right\} +$$

$$\sum_{i=1}^{n}\sum_{j=1}^{m} C_{ij} \iint_S \left(\begin{matrix} (1-\mu)\big[(n+1)x - na\big]\big[(m+1)y - mb\big] \\ x^{i+n-2}y^{j+m-2}\big[(i+1)x - ia\big]\big[(j+1)y - jb\big]\mathrm{d}x\mathrm{d}y \end{matrix} \right)$$

$$= \frac{q}{D} \iint_S x^n y^m (x-a)(y-b)\,\mathrm{d}x\mathrm{d}y$$

$$(N = n;\ M = m)$$

$$(6.22b)$$

（3）将 C_{ij} 的系数矩阵和常数项写入 2.5 节程序代码，便可求解 C_{ij}，将其代入近似解（6.16）就可得到该问题板挠度的解析解。这里需要注意的是，C_{ij} 的系数涉及多个二重积分，当然这些积分可以通过 MATLAB 程序调用 dblquad 命令完成。然而，尽管涉及的积分都只是多项式积分，但是调用 MATLAB 二重数值积分运算速度非常慢，当近似解取 9 项时，在主频 1.8 GHz 的 CPU 上需要计算一个多小时。实际上多项式函数积分手动推导也不难，建议先手动推导积分，然后再进行数值求解。

（4）将上述数值求解的 C_{ij} 代入近似解（6.16），便得到挠度的解析解。为了直观显示，这里计算了板挠度的数值结果（如图 6.4 所示）。对比该结果与有限差分法数值结果、加权残值法数值结果，可以发现该结果无论是形状还是数值大小与前面两种方法求解的结果是一致的。

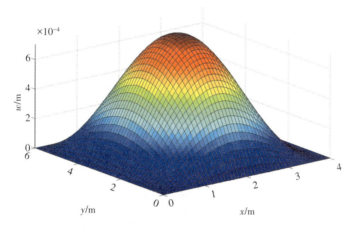

图6.4　板挠度的近似解结果

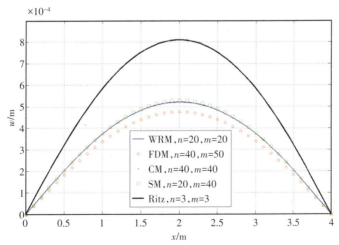

有限差分法数值结果（FDM）、最小二乘加权残值法数值结果（WRM）、配点加权残值法数值结果（CM）、子区域加权残值法数值结果（SM）以及变分法近似的数值结果（Ritz）

图6.5　$y=3$ m 处板挠度随 x 的变化

　　为了更加直观地对比该数值结果，取板中 $y=3$ m 线上的挠度随 x 的变化呈现在图6.5中，图中同时呈现了加权残值法数值结果、有限差分法数值结果。从图6.5中可以发现，尽管当近似解取9项时，板挠度空间分布形状与其他方法计算结果非常相似，但是在定量上看存在很大的差别，从前面几章分析知道，由于这里近似解的项数较少导致变分法近似求解结果过大。接下来，给出近似解取不同项数，$y=3$ m 处挠度随 x 的变化，如图6.6所示。从图6.6中可以看出，近似解项数不同，其结果也不同。然而图6.6显示项数减少时，结果可能更接近其他数值方法的解。因此，在这种近似解构造下，是否项数越多逼近精确解，需要进一步增加近似解项数进行计算而给出最终结论，感兴趣的读者可使用前面提到的程序自行完成计算。

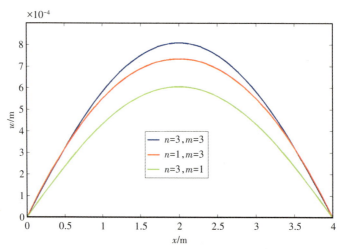

图6.6　$y=3$ m 处板挠度随 x 的变化

（近似解的项数分别为 $n=3$、$m=3$，$n=1$、$m=3$ 以及 $n=3$、$m=1$）

6.4　数值实验3：一维瞬态热传导问题

　　为了与已有结果对比，这里依然选择4.4节中的杆两端受热瞬时热传导问题进行数值实验，利用间接变分近似法进行数值求解。

6.4.1　问题描述

　　一等截面圆杆，两端持续加热，求杆中温度分布。其中加热端温度正弦变化 $25+3\sin t$ 最高温度为 28 ℃，杆长 5 m，传热系数 $a^2=2.89$，初始温度为 25 ℃，如图4.20所示。

6.4.2　数值求解

　　（1）建立该问题的微分方程。因为选用间接变分法近似求解，所以不需要写出该问题的泛函，但是需要建立该问题的定解方程和边界条件。假设 $U(x，t)$ 为杆内温度，则该问题的控制方程和边界条件为：

$$\begin{cases} \dfrac{\partial U}{\partial t} - a^2 \dfrac{\partial^2 U}{\partial x^2} = 0 & (x \in (0, 5),\ t > 0) \\ U(x, t) = 25 & (t = 0) \\ U(x, t) = 25 + 3\sin t & (x = 0) \\ U(x, t) = 25 + 3\sin t & (x = 5) \end{cases} \tag{6.23}$$

（2）给出杆内温度的近似解，其需要满足所有边界条件：

$$\tilde{U} = 25 + 3\sin t + \sum_{i=1}^{n}\sum_{j=1}^{m} C_{ij}(L - x)x^i t^j \tag{6.24}$$

（3）组织代数方程组。选用间接变分近似法求解，其基本方程为：

$$\iint \left(\frac{\partial U}{\partial t} - a^2 \frac{\partial^2 U}{\partial x^2} \right) \delta U \mathrm{d}x\mathrm{d}t = 0 \tag{6.25}$$

将近似解（6.24）代入间接变分法基本方程（6.25），有：

$$\int_0^T \int_0^L \left(\frac{\partial \tilde{U}}{\partial t} - a^2 \frac{\partial^2 \tilde{U}}{\partial x^2} \right) \delta \tilde{U} \mathrm{d}x\mathrm{d}t = 0 \tag{6.26}$$

其中，T 为时间长度，如4.4节所述，是读者拟研究的时间长度，具体数值由读者设定。进一步：

$$\int_0^T \int_0^L \left(\frac{\partial \tilde{U}}{\partial t} - a^2 \frac{\partial^2 \tilde{U}}{\partial x^2} \right) (L - x)x^N t^M \mathrm{d}x\mathrm{d}t = 0 \ (N = 1, 2, \cdots, n;\ M = 1, 2, \cdots, m) \tag{6.27}$$

（6.27）便是间接变分近似法求解该问题的代数方程组，共有 nm 个方程，未知数为 C_{ij}（$i = 1, 2, \cdots, n$；$j = 1, 2, \cdots, m$），共 nm 个。为了更直观地显示方程组的一般形式，这里具体展示第一个方程和最后一个方程。

第一个方程：

$$\int_0^T \int_0^L (L - x)xt \sum_{j=1}^{m} \left\{ \begin{aligned} &C_{1j}\big[j(L - x)x + 2a^2 t \big] + \\ &\sum_{i=2}^{n} C_{ij}\big[j(L - x)x^2 - Li(i - 1)a^2 t + i(i + 1)a^2 xt \big] x^{i-2} \end{aligned} \right\} t^{j-1} \mathrm{d}x\mathrm{d}t \tag{6.28a}$$

$$= -\int_0^T \int_0^L 3\cos t\, (L - x)xt\mathrm{d}x\mathrm{d}t$$

最后一个方程：

$$\int_0^T \int_0^L (L - x)x^n t^m \sum_{j=1}^{m} \left\{ \begin{aligned} &C_{1j}\big[j(L - x)x + 2a^2 t \big] + \\ &\sum_{i=2}^{n} C_{ij}\big[j(L - x)x^2 - Li(i - 1)a^2 t + i(i + 1)a^2 xt \big] x^{i-2} \end{aligned} \right\} t^{j-1} \mathrm{d}x\mathrm{d}t \tag{6.28b}$$

$$= -\int_0^T \int_0^L 3\cos t\, (L - x)x^n t^m \mathrm{d}x\mathrm{d}t$$

（4）数值求解，并对数值结果进行评估。从给出的方程组可以看出，关于未知数 C_{ij} 的方程都是线性的，利用2.5节中的程序便可以求解。需要注意的是，每个方程中 C_{ij} 的系数都需要进行二重积分才可以得到。如前所述，实际上利用MATLAB大量求解二重积分非常消耗机时，计算非常慢，所幸这些积分的核函数都是多项式或者多项式与三角函数的乘积，手动积分或者用MATLAB中的符号积分比较容易。因此建议读者先对 C_{ij} 系数进行积分，再求解 C_{ij}。也可以扫描附录2中的二维码获取求解程序，进行数值求解。

　　将求解得到的 C_{ij} 代入近似解（6.24），便得到了杆中温度实时分布的解析解，当然该解析解随系数的个数不同而改变。下面对求解结果进行评估。

　　图6.7呈现了 $n=1$、$m=1$ 和 $n=3$、$m=3$ 时杆中温度随时间变化的近似解。对比图6.7（a）和图6.7（b）可以发现，当近似解取不同项数时结果相差较大，通常情况下，如果近似解选取合适并满足条件时，项数越多近似解越精确。第四章利用有限差分法也求解了该问题，对比图4.21与图6.7可以发现，当 $n=3$、$m=3$ 时杆中温度的时空分布有限差分解与本章中变分法近似解非常相似；当 $n=1$、$m=1$ 时，杆中温度变分法近似解与有限差分解相差较大。这也说明了，变分法近似选取的近似函数恰当，随项数增加结果趋于精确。

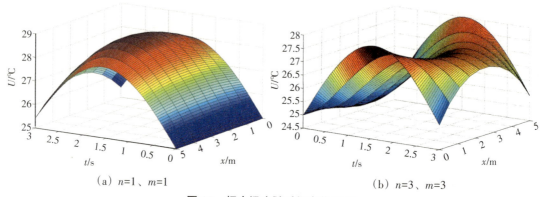

（a）$n=1$、$m=1$　　　　　　　　　　（b）$n=3$、$m=3$

图6.7　杆中温度随时间变化云图

　　为了直观地显示近似解项数不同时计算结果间的差异，这里将杆的中点温度随时间变化以及 $t=1.5$ s时杆各点温度分布绘制于图6.8中。从图6.8（a）和图6.8（b）中可以看出，随着近似解项数的增加，无论是杆中点温度随时间变化，还是 $t=1.5$ s时杆中各点温度，都趋于收敛，当 $n=3$、$m=3$ 时杆中温度与 $n=4$、$m=4$ 时杆中温度基本相等。当然，为了结果更为准确，可以取更多的项数，如 $n>4$、$m>4$。

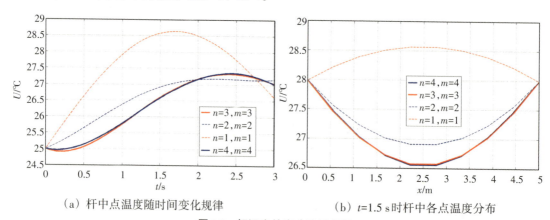

（a）杆中点温度随时间变化规律　　　　　（b）$t=1.5$ s时杆中各点温度分布

图6.8　杆温度的变分法近似解

　　如前所述，第四章中利用有限差分法求解该问题也呈现了杆中点温度随时间变化规律以及 $t=1.5$ s时杆中各点温度（见图4.22）。对比图4.22与图6.8可知，当近似解项数多取，比如$n=3$、$m=3$时，变分法近似求解的温度与有限差分法求解的温度在随时间以及沿杆的变化趋势是一致的。另外，从图6.8可以看出，近似解项数不同时，不仅数值结果相差较大，变化趋势的差异也较大，如图6.8（b）中，$n=1$、$m=1$时，温度的近似解沿杆是上凸的，而近似解项数较多时近似解温度是下凹的。当然，有限差分解的结果也随离散的节点数不同而不同，随着离散节点数的增加有限差分法的数值结果趋于收敛，但是节点较少时数值结果与节点较多时数值结果时空趋势是一致的（见图4.22）。

将有限差分法的收敛结果与变分法近似的收敛结果进行比较，展示在图6.9中，其中图6.9（a）是杆中点温度随时间的变化，图6.9（b）是$t=1.5$ s时杆中各点温度分布，其中有限差分法空间离散17个节点、时间离散201个节点，变分法近似解取$n=4$、$m=4$。从图6.9中可以看出，有限差分法的数值结果与变分法近似的数值结果基本相同。图6.9（a）在加热开始阶段、图6.9（b）杆中间位置，两种方法计算结果稍有不同，相对误差不大于1%。读者可通过增加变分法近似的项数重新计算变分法近似结果，并对比两种数值计算结果进行评估。但是在Matlab平台中使用两种方法求解，所用机时显著不同，上述条件下，在主频1.8 GHz的CPU上有限差分法只需1分钟可计算完毕，而变分法近似需要计算1个多小时，因为变分法近似涉及二重数值积分，会大量调用MATLAB内置数值积分程序，导致计算时间增加。有限差分法无需数值积分，因此计算很快，特别当使用迭代差分格式时计算速度更快。这里需要注意的是，该问题的定解方程是一个抛物型方程，因此差分格式收敛性受到网格比的影响。当网格比满足计算需要，从计算速度上讲，有限差分法相比变分法近似在求解该问题上是有优势的。当然，变分法近似解法有它另一方面的优势，在本章前面介绍过，利用变分法近似求解的是近似解的系数，当得到近似解系数后，代回到近似解表达式就能得到所求变量的解析解，比如针对该问题，当$n=4$、$m=4$时，近似解的系数如表6.1所示，将其代入解析解（6.20），就得到了杆中温度实时变化的解析解，这是有限差分法无法得到的。MATLAB程序计算得到的数值结果保留到小数点后15位，为了排版和分辨清楚，表6.1只取了小数点后5位数字，且最后一位进行了四舍五入处理。

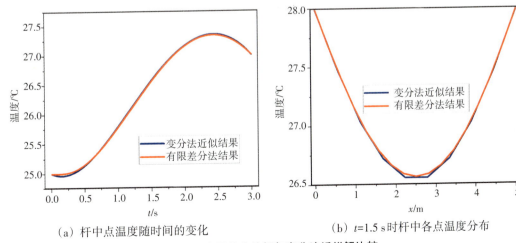

（a）杆中点温度随时间的变化　　　　　　（b）$t=1.5$ s时杆中各点温度分布

图6.9　有限差分法解与变分法近似解比较

表6.1   变分法近似解系数

j \ i	1	2	3	4
1	−8.46895e−001	2.27157e−001	−4.54314e−002	−1.37001e−008
2	7.19773e−001	−3.42574e−001	6.85147e−002	2.58329e−008
3	−1.86632e−001	1.50119e−001	−3.00237e−002	−1.44082e−008
4	1.75241e−002	−2.10053e−002	4.20105e−003	2.46977e−009

习题

1. 利用变分法近似求解最速降线问题。

2. 一两端为球铰支承的阶梯状细长中心受压直杆（如图1所示），中间 $l/2$ 部分的抗弯刚度为 $4EI$，两端各 $l/4$ 部分的抗弯刚度为 $2EI$。试用Ritz法确定其临界荷载。

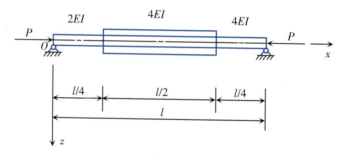

图1   变截面细长杆受压

3. 有一等截面的简支梁，长度为 l，抗弯刚度为 EI，受线性分布载荷 $q(x) = 2q_0 x/l$ 的作用（如图2所示）。试分别用Ritz法和伽辽金法求其最大挠度。

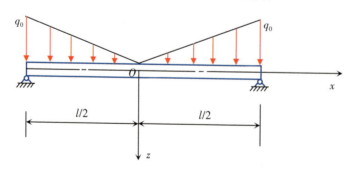

图2   等截面梁在分布载荷作用下弯曲

4. 调研学生宿舍楼板材料参数、楼板载荷设置，建立该楼板的弯曲变形控制方程和边界条件，利用变分法近似求解楼板弯曲变形以及板的最大应力和应变。

5. 有一周边固定的圆形薄板，半径为 a，如图3所示，在下列荷载作用下，用伽辽金法求解薄板挠度。

（1）在板面上半径为b的范围内受均布荷载q_0作用（其中$0<b<a$）；

（2）在板面上受横向分布荷载$q=q_0(1-\rho^2/a^2)$作用。

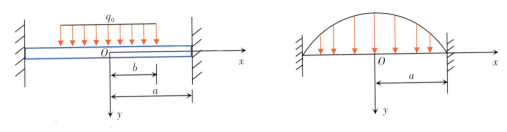

图3　等截面梁在分布载荷作用下弯曲

6.一矩形游泳池，长50 m，宽30 m，游泳池长边每隔10 m有一热水喷出口，角上没有喷口，喷口温度为$25+5\cos(\pi t/5)$，游泳池初始温度为25 ℃，建立游泳池水温控制方程和边界条件，利用变分法近似求解游泳池水温随时间的变化（建议将水看作固体，可降低求解难度）。

7.细胞囊泡对物质输运起到了关键作用。请调研细胞囊泡相关文献，建立囊泡表面弯曲能，利用变分法近似求解囊泡外形最优解。

8.有一弹性薄膜，周边固定在xOy平面的孔口上，如图4所示。在薄膜表面承受分布的横向荷载$q(x,y)$，周边受均布拉力T，薄膜的各点将发生微小的垂度。以边界所在的水平面为xy面，则垂度为z。如不计由于荷载$q(x,y)$作用而引起的附加压力，而只承受均匀的拉力T，试用变分法近似求解薄膜垂度。

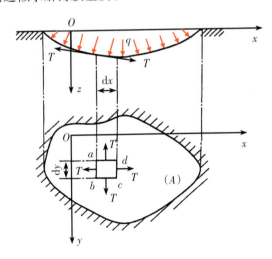

图4　薄膜在均匀拉力T作用下的变形示意图

第7章　有限单元法求解力学问题

有限单元法具有严谨的理论、强大的模块化表述，是当前力学问题数值求解中被广泛应用的方法之一。有限单元法也是许多大型软件如COMSOL、ANSYS等的主要算法。这里只介绍位移模式有限单元法求解静力学问题的实现过程。

7.1　主要求解过程与步骤

7.1.1　位移模式有限单元法求解力学问题的主要求解过程及步骤

有限单元法实际上是在变分法近似和有限差分法基础上发展起来的一种方法，类似于有限差分法。有限单元法首先需要将问题的定义域进行离散，离散成的部分，称为单元，然后在每一个单元上建立泛函并取极值建立方程，最后将所有单元方程联立求解。下面我们给出位移模式有限单元法求解静力学问题的步骤。

（1）建立坐标系，将问题定义域离散成单元。一般对于一维问题，将求解域离散成线段集，即一维单元集；对于二维问题，将求解域离散成面单元集，如三角形单元集、四边形单元集等；对于三维问题，将求解域离散成四面体单元集、六面体单元集等。在对定义域离散的过程中，有时所选用的单元无法完全拼接成求解域的实际形状，因此在定义域离散过程中可能造成一定程度的近似，利用离散的单元拼接逼近定义域，因此选择尽可能逼近求解域的单元离散求解域。

（2）标注单元号、节点号，计算节点坐标。列出节点位移向量、节点力向量。

（3）求节点位移形函数。选择单元节点的位移为未知变量，构造并确定单元节点位移形函数。位移形函数或者位移插值函数由单元节点数、节点自由度和单元形状可以唯一求解。

（4）求单元刚度矩阵。根据问题，以节点位移为自变量在每个单元上建立泛函，一般为能量泛函。对泛函求极值，可以得到单元上节点力和节点位移间的关系，其连接矩阵称为单元刚度矩，即建立单元上的控制方程。

（5）组装整体矩阵。合并不同单元在同一节点上的等效力，利用节点力平衡合并单元上的方程，形成求解域上的整体方程，这也是节点力与节点位移间的关系，是一个线性代数方程组，该方程组的系数矩阵称为整体刚度矩阵，这个过程称作组装整体刚度矩阵。为了便于编写程序代码，将方程组写成矩阵形式。

（6）处理边界条件。已知节点位移和节点力都需要引进方程组。对力边界的处理，位于作用在边界上的分布力需要根据虚功原理将其等效到节点上，同时置于第5步中常数项向量的相应位置；已知节点位移的条件，如对固定边界的处理，常常有下面两种方法：①将固定节点位移从方程中去掉，去掉系数矩阵中该节点所在行、对应列；②将该节点位移所在方程的节点力（此情况下应该是未知的）置零，对应的系数矩阵中该节点位移对应行的对角元素保持不变，其他元素置零即可。如果该节点上的位移为常位移，将该节点位移所在方程的节点力（此情况下应该是未知的）改为此行对角元素乘以常位移，对应的系数矩阵中该节点位移对应行的对角元素保持不变，其他元素置零即可。这样便得到了有限单元法的代数方程组。

（7）数值求解，并对数值结果进行评估。求解代数方程组，并对数值结果进行评估，确定计算结果的正确性，评估计算结果的误差等。对数值结果的评估是非常关键的，没有对数值计算结果进行评价，求解过程都是不完整的。

上述是利用能量泛函取极值建立单元控制方程的有限单元法的步骤。当然有限单元法建立不止于此，对于其他方法建立单元控制方程的有限元法，步骤2～3稍有不同，其他步骤基本类似。

桁架结构和钢架结构承载力强，施工简单，前者因为其跨度大常常被用在大型场馆、站厅顶棚中，后者因为其抗震性能好，受到现代大型框架建筑的青睐。这些结构的设计、建造离不开结构力学性能的预测。桁架结构包含的杆、钢架结构包含的梁都是工程技术人员所熟悉的标准结构构件。科学家们在20世纪40年代利用结构力学中力法或位移法建立了杆系结构和钢架结构变形计算的有限元计算格式，即建立标准单元节点力与位移的关系，称为直接有限元。下面介绍直接有限元求解桁架结构以及钢架结构节点位移的步骤、求解过程及其注意事项。

7.1.2　直接有限元求解桁架节点位移的主要过程与步骤

杆件只能承受轴力作用，通过杆端位移便可分析杆的力学行为。以杆端位移为未知变量，建立桁架结构杆节点位移和杆节点力间的方程，便可求解杆节点位移，其求解步骤为：

（1）建立直角坐标系 xyz。

（2）以结构中自然杆为单元，标单元号、节点号（设局部坐标为 i、j），记录杆的参数，即杆的杨氏模量 E 和横截面积 A、长度 l，写出每一个节点的坐标。利用节点坐标 $i(x_i, y_i, z_i)$ 和 $j(x_j, y_j, z_j)$ 计算杆与 z 轴的夹角 $\theta\left[\cos\theta=(z_j-z_i)/\sqrt{(x_j-x_i)^2+(y_j-y_i)^2+(z_j-z_i)^2}\right]$ 以及杆在 xy 平面的投影与 x 轴的夹角 $\alpha\left[\tan\alpha=(y_j-y_i)/(x_j-x_i)\right]$，注意这里杆的方向为 $i{\to}j$。

（3）写出节点位移列向量、节点力列向量。以节点位移为待求未知变量，节点力为已知量，节点位移列向量记为 $U_e=[u_i,\ v_i,\ w_i,\ u_j,\ v_j,\ w_j]^T$，节点力列向量记为 $F_e=[F_{xi},\ F_{yi}, F_{zi},\ F_{xj},\ F_{yj},\ F_{zj}]^T$。

（4）写出每一个单元的单元刚度矩阵。利用杆单元的轴向应变建立单元节点力与节点位移间的关系为：

$$\frac{EA}{l}\begin{bmatrix} K_{ii} & K_{ij} \\ K_{ji} & K_{jj} \end{bmatrix}\begin{bmatrix} U_e \end{bmatrix} = \begin{bmatrix} F_e \end{bmatrix} \tag{7.1}$$

其中$K_{ij}=K_{ji}=-K_{ii}$，$K_{jj}=K_{ii}$，而

$$K_{ii} = \begin{bmatrix} (\sin\theta\cos\alpha)^2 & \sin^2\theta\sin\alpha\cos\alpha & \sin\theta\cos\theta\cos\alpha \\ \sin^2\theta\sin\alpha\cos\alpha & (\sin\theta\sin\alpha)^2 & \sin\theta\cos\theta\sin\alpha \\ \sin\theta\cos\theta\cos\alpha & \sin\theta\cos\theta\sin\alpha & (\cos\theta)^2 \end{bmatrix}$$

（5）组装整体矩阵。记录节点被单元共用情况，将单元刚度矩阵组装成整体刚度矩阵，其中当节点被几个单元共用时，相应的整体矩阵对角元素累加几次，其他元素不变，按照单元矩阵在整体矩阵中的位置写入即可。这样得到整个结构节点力与节点位移的关系，即线性方程组，是一个矩阵表达代数方程组。

（6）处理边界条件。写出节点力边界条件和位移边界条件，对第5步中方程的已知量进行赋值，并去掉约束节点方程，得到最终求解方程。

（7）数值求解，并对数值结果进行评估。利用2.5节的求解线性方程组的程序进行求解，得到节点位移的解。

应用求得的节点位移求解节点约束力、杆轴力、应力等。这里需要注意的是，在直接有限元法求解桁架节点位移方法中，单元是通过杆件自然长度进行离散的，因此不能再通过减小单元或者增加节点来评估计算结果，一般认为求解结果是精确的。上述杆的变形在线弹性小变形的情形下，整个理论才成立，否则不能使用上述提到的直接有限元方法进行求解。

与桁架结构不同，钢架结构构件间的连接往往是刚接的，钢架构件标准元件是梁，其既可以承载轴力，也可以承载弯矩和剪力。当梁截面回转半径远小于梁的长度时，梁承载的弯曲变形和挠度与轴力无关。其主要求解过程与步骤与7.1.2类似，不同之处在于钢架结构单元的节点不一定必须是刚接点，因此可以通过增加节点或增加单元的方法来得到更精确的数值结果，并对结果进行评估。另外，平面刚架与桁架的主要差别在于单元刚度矩阵不同，式（7.2）为平面刚架的单元刚度矩阵：

$$\begin{bmatrix} K_{ii} & K_{ij} \\ K_{ji} & K_{jj} \end{bmatrix}^T \begin{bmatrix} \dfrac{EA}{l} & 0 & 0 & -\dfrac{EA}{l} & 0 & 0 \\ 0 & \dfrac{12EI}{l^3} & -\dfrac{6EI}{l^2} & 0 & -\dfrac{12EI}{l^3} & -\dfrac{6EI}{l^2} \\ 0 & -\dfrac{6EI}{l^2} & \dfrac{4EI}{l} & 0 & \dfrac{6EI}{l^2} & \dfrac{2EI}{l} \\ -\dfrac{EA}{l} & 0 & 0 & \dfrac{EA}{l} & 0 & 0 \\ 0 & -\dfrac{12EI}{l^3} & \dfrac{6EI}{l^2} & 0 & \dfrac{12EI}{l^3} & \dfrac{6EI}{l^2} \\ 0 & -\dfrac{6EI}{l^2} & \dfrac{2EI}{l} & 0 & \dfrac{6EI}{l^2} & \dfrac{4EI}{l} \end{bmatrix} \begin{bmatrix} K_{ii} & K_{ij} \\ K_{ji} & K_{jj} \end{bmatrix} \tag{7.2}$$

其中，$K_{ij}=K_{ji}=0$，$K_{jj}=K_{ii}$，而：

$$K_{ii} = \begin{bmatrix} \cos\theta & \sin\theta & 0 \\ -\sin\theta & \cos\theta & 0 \\ 0 & 0 & 1 \end{bmatrix}$$

θ 是钢架单元与坐标 z 轴的夹角。

7.2 数值实验1：地基梁弯曲问题

为了与前面利用其他计算方法求解的数值结果进行对比，这里的地基梁仍然选用4.2节中相同的参数，其中参数 $L=1$ m，$EI=2.6336 \times 10^6$ kNm^2，$k=5 \times 10^4$ kN/m^2，均布载荷 $q=14.88$ kN/m 布满整个梁。这里不再赘述问题的描述，为了求解的完整性，这里直接从定解问题的方程和边界条件开始介绍。

7.2.1 建立数学模型

与4.2节的地基梁问题一样，设地基梁挠度为 w，其满足定解方程：

$$EI\frac{\mathrm{d}^4 w}{\mathrm{d}x^4} = q - kw \tag{7.3}$$

边界条件为：

$$x = 0: \quad w = 0, \quad \frac{\mathrm{d}^2 w}{\mathrm{d}x^2} = 0$$

$$x = L: \quad w = 0, \quad \frac{\mathrm{d}^2 w}{\mathrm{d}x^2} = 0 \tag{7.4}$$

7.2.2 数值求解

（1）建立直角坐标系。沿梁轴线向右为 x 轴，梁左端为坐标原点（如图7.1所示）。离散问题的定义域，将地基梁离散成等长度的两节点线单元，共 $n-1$ 个单元，单元长度为 h，$h=L/(n-1)$。

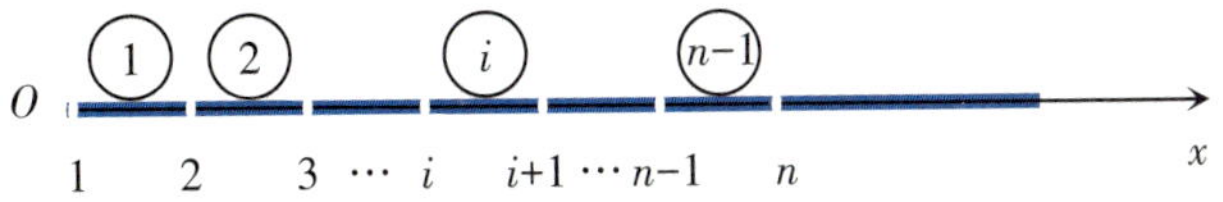

图7.1 地基梁单元及其节点号和单元号

（2）标单元号、节点号，写出节点坐标。如图7.1所示，标单元号①…，标节点号 1…，计算节点 i 坐标 $x_i=(i-1)h$（$i=1$，2，…，n）。写出节点位移列向量和节点力列向量。节点位移有挠度和转角，设节点位移列向量为 $U = [w_1, \ \theta_1, \ w_2, \ \theta_2, \ \cdots \ w_n, \ \theta_n]^T$，设节点力列向量为 $F = [Q_1, \ M_1, \ Q_2, \ M_2, \ \cdots \ Q_n, \ M_n]^T$。

（3）求节点位移形函数。对于梁单元，不仅要求位移连续，转角也要连续，因此位移形函数在2个节点处要满足4个方程。对于任意一个单元，i 和 j 为两个相应的节点，节点 i 和节点 j，节点外力 $[F_e]=[Q_i, M_i, Q_j, M_j]^T$（如图7.2所示）。假设节点位移为

$[U_e] = [w_i \ \theta_i \ w_j \ \theta_j]^T$，梁单元中任意一点挠度 $w = [N_e][U_e]$，其中位移形函数设为 $[N_e] =$
$[N_i \ N_{xi} \ N_j \ N_{xj}]$，设：

$$
\begin{aligned}
N_i &= a_i + b_i x + c_i x^2 + d_i x^3 \\
N_j &= a_j + b_j x + c_j x^2 + d_j x^3 \\
N_{xi} &= a_{xi} + b_{xi} x + c_{xi} x^2 + d_{xi} x^3 \\
N_{xj} &= a_{xj} + b_{xj} x + c_{xj} x^2 + d_{xj} x^3
\end{aligned}
\tag{7.5}
$$

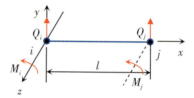

图7.2 二节点梁单元

根据位移形函数的性质，位移形函数满足如下方程：

$$
\begin{aligned}
N_i(x_i) &= 1, \quad \frac{\partial N_i}{\partial x}(x_i) = 0, \quad N_i(x_j) = 0, \quad \frac{\partial N_i}{\partial x}(x_j) = 0 \\[4pt]
N_{xi}(x_i) &= 0, \quad \frac{\partial N_{xi}}{\partial x}(x_i) = 1, \quad N_{xi}(x_j) = 0, \quad \frac{\partial N_{xi}}{\partial x}(x_j) = 0 \\[4pt]
N_j(x_i) &= 0, \quad \frac{\partial N_j}{\partial x}(x_i) = 0, \quad N_j(x_j) = 1, \quad \frac{\partial N_j}{\partial x}(x_j) = 0 \\[4pt]
N_{xj}(x_i) &= 0, \quad \frac{\partial N_{xj}}{\partial x}(x_i) = 0, \quad N_{xj}(x_j) = 0, \quad \frac{\partial N_{xj}}{\partial x}(x_j) = 1
\end{aligned}
\tag{7.6}
$$

令 $\xi = x - x_i$，求解上述位移形函数为：

$$
\begin{aligned}
N_i &= 1 - \frac{3\xi^2}{h^2} + \frac{2\xi^3}{h^3}, \quad N_j = \frac{3\xi^2}{h^2} - \frac{2\xi^3}{h^3} \\[4pt]
N_{xi} &= \xi - \frac{2\xi^2}{h} + \frac{\xi^3}{h^2}, \quad N_{xj} = -\frac{\xi^2}{h} + \frac{\xi^3}{h^2}
\end{aligned}
\tag{7.7}
$$

在后续的使用中，只要确定单元，已知单元节点号，便可以利用式（7.7）进一步求解位移形函数。

（4）求单元刚度矩阵。该问题属于弹性静力学问题，以位移为未知变量建立单元能量泛函。对于梁单元，泛函包含梁的变形能和外力势。接下来确定单元变形能。我们知道，梁单元内应变为：

$$
\varepsilon = -y \frac{\mathrm{d}^2 w}{\mathrm{d}x^2} = -y \frac{\mathrm{d}^2 [N_e]}{\mathrm{d}x^2} [U_e]
\tag{7.8}
$$

则梁单元的应变能为：

$$
U = \iiint_V \frac{1}{2} \sigma \varepsilon \mathrm{d}V
\tag{7.9}
$$

其中，V 为梁单元体积，$\mathrm{d}V$ 为体积微元。进一步有：

$$U = \frac{EI}{2}\left[U_e\right]^T \int_0^h \begin{bmatrix} \dfrac{\mathrm{d}^2 N_i}{\mathrm{d}x^2} \\[4pt] \dfrac{\mathrm{d}^2 N_{xi}}{\mathrm{d}x^2} \\[4pt] \dfrac{\mathrm{d}^2 N_j}{\mathrm{d}x^2} \\[4pt] \dfrac{\mathrm{d}^2 N_{xj}}{\mathrm{d}x^2} \end{bmatrix} \begin{bmatrix} \dfrac{\mathrm{d}^2 N_i}{\mathrm{d}x^2} & \dfrac{\mathrm{d}^2 N_{xi}}{\mathrm{d}x^2} & \dfrac{\mathrm{d}^2 N_j}{\mathrm{d}x^2} & \dfrac{\mathrm{d}^2 N_{xj}}{\mathrm{d}x^2} \end{bmatrix} \mathrm{d}x \left[U_e\right] \tag{7.10}$$

外力势函数包括两部分，一部分为外力均布荷载的势函数，另一部分是地基反力的势函数，地基反力与位移相关。整个势函数为：

$$V = -\int qw\,\mathrm{d}x + \int \frac{1}{2}k\,w^2\mathrm{d}x = -\int q\left[N_e\right]\left[U_e\right]\mathrm{d}x + \int \frac{1}{2}k\left[U_e\right]^T\left[N_e\right]^T\left[N_e\right]\left[U_e\right]\mathrm{d}x \tag{7.11}$$

梁单元的一个泛函为：

$$J = \frac{EI}{2}\left[U_e\right]^T \int_0^h \begin{bmatrix} \dfrac{\mathrm{d}^2 N_i}{\mathrm{d}x^2} \\[4pt] \dfrac{\mathrm{d}^2 N_{xi}}{\mathrm{d}x^2} \\[4pt] \dfrac{\mathrm{d}^2 N_j}{\mathrm{d}x^2} \\[4pt] \dfrac{\mathrm{d}^2 N_{xj}}{\mathrm{d}x^2} \end{bmatrix} \begin{bmatrix} \dfrac{\mathrm{d}^2 N_i}{\mathrm{d}x^2} & \dfrac{\mathrm{d}^2 N_{xi}}{\mathrm{d}x^2} & \dfrac{\mathrm{d}^2 N_j}{\mathrm{d}x^2} & \dfrac{\mathrm{d}^2 N_{xj}}{\mathrm{d}x^2} \end{bmatrix} \mathrm{d}x \left[U_e\right] -$$

$$\int q\left[U_e\right]^T\left[N_e\right]^T\mathrm{d}x + \int \frac{1}{2}k\left[U_e\right]^T\left[N_e\right]^T\left[N_e\right]\left[U_e\right]\mathrm{d}x \tag{7.12}$$

显然，上述泛函是节点位移的函数，当泛函 J 取极值，有 $\delta J=0$，将位移形函数代入，则得到：

$$\delta\left[U_e\right]^T \left[\frac{EI}{h^3}\begin{bmatrix} 12 & -6h & -12 & -6h \\ -6h & 4h^2 & 6h & 2h^2 \\ -12 & 6h & 12 & 6h \\ -6h & 2h^2 & 6h & 4h^2 \end{bmatrix}\left[U_e\right] + \int k\left[N_e\right]^T\left[N_e\right]\left[U_e\right]\mathrm{d}x - \int q\left[N_e\right]^T\mathrm{d}x \right] = 0 \tag{7.13}$$

这样便可以得到梁单元节点位移与节点力间的关系，即梁单元控制方程：

$$\left\{ \frac{EI}{h^3}\begin{bmatrix} 12 & -6h & -12 & -6h \\ -6h & 4h^2 & 6h & 2h^2 \\ -12 & 6h & 12 & 6h \\ -6h & 2h^2 & 6h & 4h^2 \end{bmatrix} + \frac{kh}{420}\begin{bmatrix} 156 & 22h & 36 & -13h \\ 22h & 4h^2 & 13h & -3h^2 \\ 36 & 13h & 156 & -22h \\ -13h & -3h^2 & -22h & 4h^2 \end{bmatrix} \right\}\left[U_e\right] - \left[F_e\right] = 0 \tag{7.14}$$

其中，

$$\left[F_e\right] = \int q\left[N_e\right]^T\mathrm{d}x = \frac{qh}{12}\begin{bmatrix} 6 & h & 6 & -h \end{bmatrix}^T \tag{7.15}$$

当单元节点力所做虚功与单元外力所做虚功相等时，便可以将作用在单元上的外力等效在单元节点上，因此有的参考书也将这个过程称为等效节点力。

其中单元刚度矩阵 $[\boldsymbol{K}_e]$ 为：

$$[\boldsymbol{K}_e] = \frac{EI}{h^3} \begin{bmatrix} 12 & -6h & -12 & -6h \\ -6h & 4h^2 & 6h & 2h^2 \\ -12 & 6h & 12 & 6h \\ -6h & 2h^2 & 6h & 4h^2 \end{bmatrix} + \frac{kh}{420} \begin{bmatrix} 156 & 22h & 36 & -13h \\ 22h & 4h^2 & 13h & -3h^2 \\ 36 & 13h & 156 & -22h \\ -13h & -3h^2 & -22h & 4h^2 \end{bmatrix} \quad (7.16)$$

注意，这里的单元刚度矩阵与简单梁弯曲问题的单元刚度矩阵并不一样，因此推导单元刚度矩阵的过程要按照实际情况处理。

（5）组装整体刚度矩阵。接下来将不同单元在同一节点上的力求和，组装整体刚度矩阵，形成以节点位移为未知变量的代数方程组。整体刚度矩阵的组装与节点被单元共用有关，该问题中，除梁端点外，其他节点均被两个单元共用，因此该节点力是两个单元在该节点等效力的合力，这样将形成了整体的代数方程。下面针对任意两个相邻单元节点力求和过程来说明整体方程的建立过程。

如图7.3所示，任意两相邻单元 $\widehat{i}$ 和 $\widehat{j}$，$j=i+1$，其节点标号依次为 i、$i+1$、$i+2$，这样节点 $i+1$ 被两个单元共用。

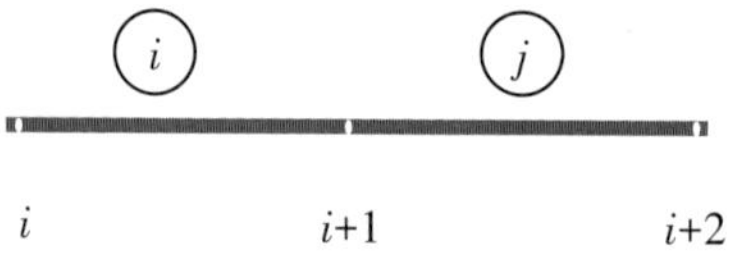

图7.3   任意两相邻梁单元

则单元 $\widehat{i}$ 的控制方程为：

$$\begin{bmatrix} \boldsymbol{K}_{i,i}{}^i & \boldsymbol{K}_{i,i+1}{}^i \\ \boldsymbol{K}_{i+1,i}{}^i & \boldsymbol{K}_{i+1,i+1}{}^i \end{bmatrix} \begin{bmatrix} \boldsymbol{U}_i \\ \boldsymbol{U}_{i+1} \end{bmatrix} = \begin{bmatrix} \boldsymbol{F}_i{}^i \\ \boldsymbol{F}_{i+1}{}^i \end{bmatrix} \quad (7.17)$$

其中 $\boldsymbol{U}_i = [w_i, \theta_i]^T$，$\boldsymbol{F}_i = [Q_i, M_i]^T$，$\boldsymbol{K}$ 是单元刚度矩阵（7.16）的分块形式，上标表示单元号，下标表示节点号。同样地，单元 j 的控制方程为：

$$\begin{bmatrix} \boldsymbol{K}_{i+1,i+1}{}^j & \boldsymbol{K}_{i+1,i+2}{}^j \\ \boldsymbol{K}_{i+2,i+1}{}^j & \boldsymbol{K}_{i+2,i+2}{}^j \end{bmatrix} \begin{bmatrix} \boldsymbol{U}_{i+1} \\ \boldsymbol{U}_{i+2} \end{bmatrix} = \begin{bmatrix} \boldsymbol{F}_{i+1}{}^j \\ \boldsymbol{F}_{i+2}{}^j \end{bmatrix} \quad (7.18)$$

将方程（7.17）和（7.18）联立，有：

结点号

$$\begin{matrix} i \\ i+1 \\ i+2 \end{matrix} \begin{bmatrix} \boldsymbol{K}_{i,i}{}^i & \boldsymbol{K}_{i,i+1}{}^i & 0 \\ \boldsymbol{K}_{i+1,i}{}^i & \boldsymbol{K}_{i+1,i+1}{}^i + \boldsymbol{K}_{i+1,i+1}{}^j & \boldsymbol{K}_{i+1,i+2}{}^j \\ 0 & \boldsymbol{K}_{i+2,i+1}{}^j & \boldsymbol{K}_{i+2,i+2}{}^j \end{bmatrix} \begin{bmatrix} \boldsymbol{U}_i \\ \boldsymbol{U}_{i+1} \\ \boldsymbol{U}_{i+2} \end{bmatrix} = \begin{bmatrix} \boldsymbol{F}_i{}^i \\ \boldsymbol{F}_{i+1}{}^i + \boldsymbol{F}_{i+1}{}^j \\ \boldsymbol{F}_{i+2}{}^j \end{bmatrix} \quad (7.19)$$

由此可见，两节点不在同一个单元时，刚度矩阵元素为0，单元共用节点时对角线元素叠加，其他非对角线元素就是单元刚度矩阵中的元素。以此方法，可以形成整个代数方程组如下：

$$
[K]\begin{bmatrix} U_1 \\ U_2 \\ U_3 \\ \vdots \\ U_{n-2} \\ U_{n-1} \\ U_n \end{bmatrix} = \begin{bmatrix} F_1^{\ 1} \\ F_2^{\ 1} + F_2^{\ 2} \\ F_3^{\ 2} + F_3^{\ 3} \\ \vdots \\ F_{n-2}^{\ n-3} + F_{n-2}^{\ n-2} \\ F_{n-1}^{\ n-2} + F_{n-1}^{\ n-1} \\ F_n^{\ n} \end{bmatrix} \tag{7.20}
$$

其中 K 为整体刚度矩阵，如下：

$$
\begin{bmatrix} K_{1,1}^{\ 1} & K_{1,2}^{\ 1} & 0 & \cdots & 0 & 0 & 0 \\ K_{2,1}^{\ 1} & K_{2,2}^{\ 1} + K_{2,2}^{\ 2} & K_{2,3}^{\ 2} & \cdots & 0 & 0 & 0 \\ 0 & K_{3,2}^{\ 2} & K_{3,3}^{\ 2} + K_{3,3}^{\ 3} & \cdots & 0 & 0 & 0 \\ \vdots & \vdots & \vdots & \ddots & \vdots & \vdots & \vdots \\ 0 & 0 & 0 & \cdots & K_{n-2,n-2}^{\ n-3} + K_{n-2,n-2}^{\ n-2} & K_{n-2,n-1}^{\ n-2} & 0 \\ 0 & 0 & 0 & \cdots & K_{n-1,n-2}^{\ n-2} & K_{n-1,n-1}^{\ n-2} + K_{n-1,n-1}^{\ n-1} & K_{n-1,n}^{\ n-1} \\ 0 & 0 & 0 & \cdots & 0 & K_{n,n-1}^{\ n-1} & K_{n,n}^{\ n-1} \end{bmatrix}
$$

（6）处理边界条件。根据问题，梁的两端固支，所以节点 1 和 n 的位移是已知的，挠度和转角都是 0，当然节点力跟支座反力有关，是未知的。按照上述求解步骤，该方程组前两行和最后两行需要与两端（两节点）的位移关联，因为位移已知，但节点力未知，因此需要对此进行处理。使用去掉对应 0 位移条件节点所在的行列的方法处理边界条件，最终的方程组为：

$$
\begin{bmatrix} K_{2,2}^{\ 1} + K_{2,2}^{\ 2} & K_{2,3}^{\ 2} & \cdots & 0 & 0 \\ K_{3,2}^{\ 2} & K_{3,3}^{\ 2} + K_{3,3}^{\ 3} & \cdots & 0 & 0 \\ \vdots & \vdots & \ddots & \vdots & \vdots \\ 0 & 0 & \cdots & K_{n-2,n-2}^{\ n-3} + K_{n-2,n-2}^{\ n-2} & K_{n-2,n-1}^{\ n-2} \\ 0 & 0 & \cdots & K_{n-1,n-2}^{\ n-2} & K_{n-1,n-1}^{\ n-2} + K_{n-1,n-1}^{\ n-1} \end{bmatrix} \begin{bmatrix} U_2 \\ U_3 \\ \vdots \\ U_{n-2} \\ U_{n-1} \end{bmatrix}
$$

$$
= \begin{bmatrix} F_2 \\ F_3 \\ \vdots \\ F_{n-2} \\ F_{n-1} \end{bmatrix} \tag{7.21}
$$

其中，

$$
\begin{bmatrix} F_2 \\ F_3 \\ \vdots \\ F_{n-2} \\ F_{n-1} \end{bmatrix} = \begin{bmatrix} F_2^{\ 1} + F_2^{\ 2} \\ F_3^{\ 2} + F_3^{\ 3} \\ \vdots \\ F_{n-2}^{\ n-3} + F_{n-2}^{\ n-2} \\ F_{n-1}^{\ n-2} + F_{n-1}^{\ n-1} \end{bmatrix}
$$

据单元节点力（7.15）的表达式，可以计算节点合力 $F_i^i = [qh/2，0]^T$，且每一个节点的合力都相等，即 $F_i = [qh，0]^T$。将单元刚度矩阵元素（7.14）代入整体刚度矩阵，结合给定问题的参数，便可以求解线性代数方程组（7.21）。

（7）数值求解，并对数值结果进行评估。线性代数方程组（7.21）的形式非常规整，系数矩阵除第一行，最后一行是两个非零元素外，其他行都是三个非零元素。利用 2.5 节程序，代入系数矩阵和常数项便可以求解梁的挠度和转角。读者可自行编写程序求解，也可以扫描附录2中的二维码下载程序求解。

图7.4给出了不同单元数时梁挠度的变化。从图中可以看出，随着单元数增加，梁的挠度基本重合。同时，将有限单元法计算的挠度与有限差分法计算结果、加权残值法计算结果进行比较，结果如图7.5所示。由图可知，这几种方法都可以计算地基梁的挠度，图7.5图注给出了参数，这几种方法的计算结果非常接近。从图注的参数可知，加权残值法所需要求解的方程阶数较低，有限元法求解的方程阶数次之，有限差分法求解的方程阶数最高。当然，这个问题比较简单，实际力学问题或者较复杂的力学问题往往需要确定一种合适的数值求解法进行数值解算。

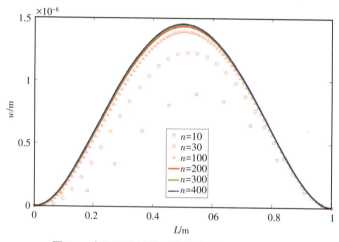

图7.4　有限元法计算的梁挠度随网格数的变化

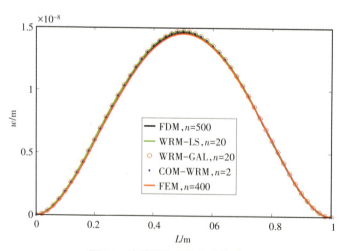

图7.5　地基梁挠度数值计算结果

注：其中FDM是有限差分法计算结果，离散点数为500；WRM-LS是最小二乘加权残值法的计算结果，项数为20；WRM-GAL是伽辽金加权残值法的计算结果，项数为20；COM-WRM是最小二乘配点复合加权残值法的计算结果，项数为2；FEM是有限单元法计算结果，网格数为400-1，即399个。

7.3 数值实验2：薄板平面应力问题

有限单元法分位移模式的有限元单元法、力模式有限元单元法以及混合模式有限元单元法，是指以单元节点位移为未知变量、节点力为未知变量以及节点位移与力混合为未知变量的有限单元法。位移模式有限单元法发展较早，在求解简单力学问题中应用较广，初学者很容易理解位移模式有限单元法。下面以平面应力问题介绍位移模式有限元单元法求解力学问题的实现过程。

7.3.1 问题描述

如前所述，板被广泛使用。板除了在横向载荷作用下发生弯曲外，很多板在面内力作用下发生变形，如太阳能帆板、高速公路道路指示牌、特殊场合的信息提示牌等，它们在太阳光的照射或者背光时由于温度变化导致板内产生热应力而变形。有时候指示牌也是鸟类等动物的栖息地［如图7.6（a）］，鸟类在其上栖息也会导致这些牌子变形。这里以高速公路指示牌为例，分析其变形。为了演示有限元求解平面应力问题的过程，对该问题做了一些假设。首先假设指示牌为一均匀矩形薄板，板长$a=2$ m，宽$b=1$ m，厚$h=1$ cm，杨氏模量$E=50$ GPa，泊松比$\mu=0.25$；其次假设板的左边所有点固支，上边作用向下面内均布载荷$q=15$ kN/m，板的右边和下边自由，如图7.6（b）所示。

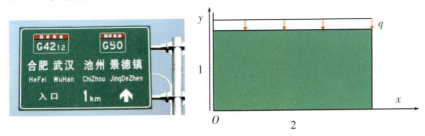

（a）一高速公路指示牌　　（b）左边固支、上边作用均布载荷、其余两边自由的矩形薄板

图7.6　一边固支矩形薄板

7.3.2 数值求解

（1）建立直角坐标系，x轴沿板下边向右，y轴沿板的左边向上，坐标原点在左下角，如图7.6（b）所示。对该问题的定义域进行离散。对整个板面划分单元，由于这个问题比较简单，且求解域规则，这里选用均匀单元，都选用直角三角形，如图7.7所示。

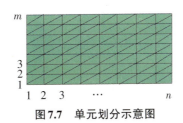

图7.7　单元划分示意图

（2）标单元号、节点号，写出节点坐标。如图7.7命名单元节点标号，共有 nm 个节点，对应于节点 (i,j) 的标号为 $n(j-1)+i$，这个点的横纵坐标分别为 $x_i=a(i-1)/(n-1)$、$y_j=b(j-1)/(m-1)$。共有单元 $2(n-1)(m-1)$ 个，按照图7.8命名单元标号，这样奇数号单元节点为 $[n(j-1)+i,\ nj+i+1,\ nj+i]$，偶数号单元节点为 $[n(j-1)+i,\ n(j-1)+i+1,\ nj+i+1]$（逆时针排列）。节点位移列向量和力列向量分别为 $U=[u_i,\ v_i]^T$，$F=[Fx_i,\ Fy_i]^T$。

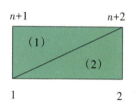

图7.8 单元标号示意图

（3）求节点位移形函数。步骤（1）选择的是三节点三角形单元，所以每一点的位移形函数都是坐标的线性函数加常数项，每一个三角形单元在局部坐标系下如图7.9所示。

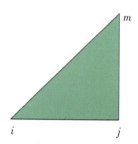

图7.9 任意一个三角形单元及其局部坐标系下的标号示意图

每一节点的位移形函数分别为 $N_i = a_i + b_i x + c_i y$，$N_j = a_j + b_j x + c_j y$ 和 $N_m = a_m + b_m x + c_m y$。然后，求解每一节点的位移形函数的系数，如图7.9的位移形函数系数为：

$$a_i = \begin{vmatrix} x_j & y_j \\ x_m & y_m \end{vmatrix}/2A, \quad b_i = -\begin{vmatrix} 1 & y_j \\ 1 & y_m \end{vmatrix}/2A, \quad c_i = \begin{vmatrix} 1 & x_j \\ 1 & x_m \end{vmatrix}/2A$$

$$a_j = \begin{vmatrix} x_m & y_m \\ x_i & y_i \end{vmatrix}/2A, \quad b_j = -\begin{vmatrix} 1 & y_m \\ 1 & y_i \end{vmatrix}/2A, \quad c_j = \begin{vmatrix} 1 & x_m \\ 1 & x_i \end{vmatrix}/2A$$

$$a_m = \begin{vmatrix} x_i & y_i \\ x_j & y_j \end{vmatrix}/2A, \quad b_m = -\begin{vmatrix} 1 & y_i \\ 1 & y_j \end{vmatrix}/2A, \quad c_m = \begin{vmatrix} 1 & x_i \\ 1 & x_j \end{vmatrix}/2A$$

其中，

$$A = \frac{1}{2} \begin{vmatrix} 1 & x_i & y_i \\ 1 & x_j & y_j \\ 1 & x_m & y_m \end{vmatrix}$$

（4）求单元刚度矩阵。以节点上的位移为未知变量，建立每一个单元上的能量泛函，即：

$$J = U - V = \frac{1}{2} \iint_e [\boldsymbol{\sigma}]^T [\boldsymbol{\varepsilon}] h \mathrm{d}x \mathrm{d}y - [\boldsymbol{U}]_e^T [\boldsymbol{F}]_e$$

$$= \frac{1}{2} [\boldsymbol{U}]_e^T \left(\iint_e [\boldsymbol{B}]^T [\boldsymbol{D}] [\boldsymbol{B}] h \mathrm{d}x \mathrm{d}y \right) [\boldsymbol{U}]_e - [\boldsymbol{U}]_e^T [\boldsymbol{F}]_e \tag{7.22}$$

可见，泛函（7.22）是节点位移的函数，因此该单元的泛函由节点位移确定，当单元泛函取极值时，对应的节点位移就是真实位移。对能量泛函 J 一阶变分等于零，便有：

$$\delta J = \delta [\boldsymbol{U}]_e^T \left(\iint_e [\boldsymbol{B}]^T [\boldsymbol{D}] [\boldsymbol{B}] h \mathrm{d}x \mathrm{d}y \right) [\boldsymbol{U}]_e - \delta [\boldsymbol{U}]_e^T [\boldsymbol{F}]_e = 0 \tag{7.23}$$

由于位移变分的任意性，因此有：

$$[\boldsymbol{K}]_e [\boldsymbol{U}]_e = [\boldsymbol{F}]_e \tag{7.24}$$

这里，$[\boldsymbol{K}]_e = \iint_e [\boldsymbol{B}]^T [\boldsymbol{D}] [\boldsymbol{B}] h \mathrm{d}x \mathrm{d}y$ 称为单元刚度矩阵，是一个6阶方阵，记为：

$$[\boldsymbol{K}]_e = \begin{bmatrix} \boldsymbol{k}_{ii} & \boldsymbol{k}_{ij} & \boldsymbol{k}_{im} \\ \boldsymbol{k}_{ji} & \boldsymbol{k}_{jj} & \boldsymbol{k}_{jm} \\ \boldsymbol{k}_{mi} & \boldsymbol{k}_{mj} & \boldsymbol{k}_{mm} \end{bmatrix}$$

其中，

$$[\boldsymbol{k}_{rs}] = \frac{Eh}{1-\mu^2} \begin{bmatrix} b_r b_s + \dfrac{(1-\mu)c_r c_s}{2} & \mu b_r c_s + \dfrac{(1-\mu)c_r b_s}{2} \\ \mu c_r b_s + \dfrac{(1-\mu)b_r c_s}{2} & c_r c_s + \dfrac{(1-\mu)b_r b_s}{2} \end{bmatrix} \quad r, s = i, j, m$$

（5）组装整体刚度矩阵。在得到每一个单元的单元刚度矩阵后，就可以组装整体刚度矩阵，为了编程方便，按照节点编号顺序如下排列节点位移变量，得到如下方程组。

$$\begin{bmatrix} \square & \square & \square & \square & \square & \square & \cdots & \cdots & \square & \square & \square & \square \\ \square & \square & & & & & & & & & & \square \\ \square & & \square & & & & & & & & & \square \\ \square & & & \square & & & & & & & & \square \\ \square & & & & \square & & & & & & & \square \\ \square & & & & & \square & & & & & & \square \\ \vdots & & & & & & \ddots & & & & & \vdots \\ \vdots & & & & & & & \ddots & & & & \vdots \\ \square & & & & & & & & \square & \square & \square & \square \\ \square & & & & & & & & \square & \square & \square & \square \\ \square & \square & \square & \square & \square & \cdots & \cdots & & \square & \square & \square & \square \\ \square & \square & \square & \square & \square & & & & \square & \square & \square & \square \end{bmatrix} \begin{bmatrix} u_1 \\ v_1 \\ u_2 \\ v_2 \\ u_3 \\ v_3 \\ \vdots \\ \vdots \\ u_{nm-1} \\ v_{nm-1} \\ u_{nm} \\ v_{nm} \end{bmatrix} = \begin{bmatrix} F_{x1} \\ F_{y1} \\ F_{x2} \\ F_{y2} \\ F_{x3} \\ F_{y3} \\ \vdots \\ \vdots \\ F_{xnm-1} \\ F_{ynm-1} \\ F_{xnm} \\ F_{ynm} \end{bmatrix} \tag{7.25}$$

每一节点有两个位移分量和两个外力分量。上述方程组的右端是外力，也就是说，位移模式有限元法最终给出的方程组是一组力平衡的方程组。

判断组装是否正确的小技巧：如果两个单元共享一条边，那么这条边的两个端点所在的整体坐标系的节点号相应的行列位置都会有两个单元刚度矩阵元素叠加；如果几个单元共享了一个点，那么这个点所在的矩阵对角位置会有几个单元的元素叠加。下面以图7.10说明。

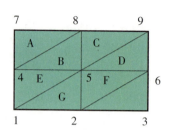

图7.10　划分了8个单元的矩形薄板及其节点示意图

比如单元A、B共享了边48，那么在整体刚度矩阵中，第4行第8列的元素是单元A单元刚度矩阵元素k_{48}与单元B单元刚度矩阵元素k_{48}的叠加，同理第8行第4列元素是单元A单元刚度矩阵元素k_{84}与单元B单元刚度矩阵元素k_{84}的叠加，如下面矩阵所示；比如单元B、C、D、E、F和G共享了节点5，那么在第5行第5列的元素将是这6个单元的k_{55}的叠加，如下面矩阵所示，其中□为元素位置。

$$
\begin{bmatrix}
\square & \square & \square & \square & & \square & & \square & \square & \square & \square \\
\square & \square & \square & \square & & \square & & \square & \square & \square & \square \\
\square & \square & \square & \square & & \square & & \square & \square & \square & \square \\
\square & \square & \square & \square & & \square & & \square & \square & k_{48}^{A}+k_{48}^{B} & \square \\
& & & & k_{55}^{B}+k_{55}^{C}+k_{55}^{D}+k_{55}^{E}+k_{55}^{F}+k_{55}^{G} & & & & & & \\
\square & \square & \square & \square & & \square & & \square & \square & \square & \square \\
\square & \square & k_{84}^{A}+k_{84}^{B} & & & \square & & \square & \square & \square & \square \\
\square & \square & \square & & & \square & & \square & \square & \square & \square
\end{bmatrix}
$$

（6）处理边界条件。按照上述整体刚度矩阵组装过程和检验方式，最后得到整体刚度矩阵，此时整体刚度矩阵是奇异的，也就是说组成的方程组不能得到未知变量的唯一解，将边界条件代入处理整体刚度矩阵，才可以求解出唯一的节点位移解。该问题的位移边界条件：

$$x = 0:\ u = v = 0 \tag{7.26}$$

其余三边为力学边界条件：

$$x = 2和y = 0:\ F_x = F_y = 0;\ y = 2:\ F_x = 0,\ F_y = -q \tag{7.27}$$

按照步骤（1）中节点标号方式，根据问题的位移边界条件，我们知道对于行$2n(j-1)+1$，$u=0$，对于行$2n(j-1)+2$，$v=0$，其中$j=1$，2，$\cdots$，m；将上述方程组（7.24）位移分量为0的所在行列去掉，得到新的方程组。由图7.6所示，板的上边作用均布载荷，根据第（1）步中划分的网格和节点命名，我们知道只有节点$2n(m-1)+2i$，其中$i=1$，2，$\cdots$，n，作用垂直向下的力。因为这里作用的是均布载荷，需要将均布载荷等效至节点上。按照（7.14）将分布载荷等效至节点上，因此$F_{y(2n(m-1)+2i)}=-kh$，$i=2$，$\cdots$，$n-1$，$F_{y(2nm)}=-kh/2$，其他节点的力分量均为0。这里一定要注意，节点力指的是作用在节点上的外力。将上述节点外力带入新的方程组，便可以求解方程组，得到节点上的位移。我们发现，板的左边是固支的，因此这些在左边上的节点有力的作用，但是这些节点力是约束力，没有办法直接给出。所幸的是，因为这些点的位移为0，所在的方程去掉了，因此这些方程所对应的节点力不用处理。当求解得到各节点上的位移时，将这些位移带入被去掉的方程中，便可以把各节点的约束反力计算出来。

（7）数值求解，并对数值结果进行评估。这里既可以利用现有商业软件求解该问题的代数方程组，也可以编写程序代码求解该问题的代数方程组。附录 2 给出了求解该方程组的 MATLAB 程序代码，供读者参考。利用该程序，可以求解节点位移分量，将其带入位移函数，便可进一步求解板内其他力学量，如应力、应变。下面是板面网格为 2×29×39=2262 个单元，即 1200 个节点的解算结果。图 7.11 和图 7.12 分别给出了板内水平位移分量和垂向位移分量，其中（a）是云图，就是板内每一点位移，（b）图是位移在 y=0、y=0.5 m 以及 y=1 m 截线上沿 x 方向的位移。

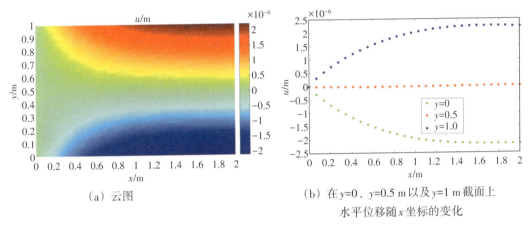

（a）云图   （b）在 y=0、y=0.5 m 以及 y=1 m 截面上
                              水平位移随 x 坐标的变化

图 7.11 板面内水平位移

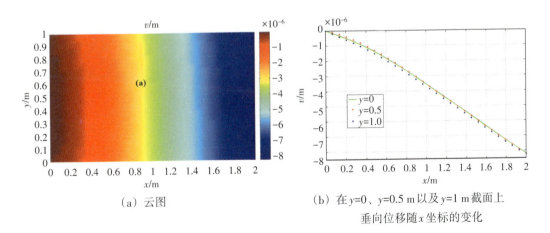

（a）云图   （b）在 y=0、y=0.5 m 以及 y=1 m 截面上
                              垂向位移随 x 坐标的变化

图 7.12 板面内垂向位移

从图 7.11 以及图 7.12 的位移云图中可以看出板内位移水平分量的分布形式，其中颜色代表位移的大小，由位移云图右侧的色柱表示。三节点三角形单元的位移是坐标的线性函数，因此一个三角形单元内应力、应变处处相等，是常数。图 7.13 显示了在上述节点数和单元网格数情况下，板内 x 方向的正应力的计算值。从图 7.13 中可以看出，每一个单元中正应力的颜色是一样的，表明这个单元中的正应力是相等的。

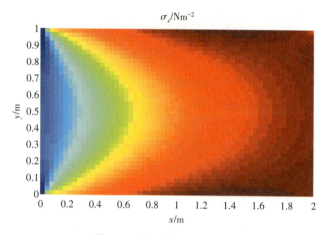

$$\sigma_x / \text{Nm}^{-2}$$

图7.13　板面内正应力云图

通常情况下，板内的应力应该是连续的，与坐标相关的，求解域中不同的点，正应力应该不同。然而如果将求解域划分成三节点三角形单元时，必然会导致每一个单元中所有点的应力、应变是相同的，计算结果存在一定的误差。为了提高求解精度，可以增加单元数，这样使得单元的面积减小而逐渐逼近一点，这样可以在一定程度上减小误差。当然，这样会减小单元面积，产生计算误差，也会降低求解速度。另外，可以通过增加节点数，如可以将上述的三节点单元改成六节点三角形单元，比如在图7.14所示的单元中，每一条边的中点布置一个节点，这样将原来的三节点三角形单元变为了六节点三角形单元。这样每个节点的位移函数关于坐标的函数的幂次数增加，比如 $N_i = a_i + b_i x + c_i y + d_i xy + e_i x^2 + f_i y^2$，根据位移形函数需要满足的要求，可以求解位移形函数的系数 a_i 等。建立单元泛函，然后求解泛函取极值对应的单元节点位移，便可得到单元刚度矩阵，因为节点数增加，未知变量由原来三节点三角形单元的6个未知变量，增加到12个未知变量。因此，单元刚度矩阵将是一个12阶的方阵，进一步组装的整体刚度矩阵的阶数也会相应地增加。尽管这种方法没有增加单元个数，但增加了未知量的个数。当然也可以通过同时增加单元数和单元节点数来提高计算结果的精度。

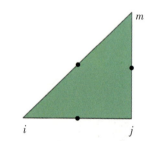

图7.14　与图7.9三角形单元
相应的六节点三角形单元及
其标号示意图

这里只针对增加单元数的方式来评估计算结果，对于其余方法对结果的评估，读者可自行完成。这里以 $y=1$ m 截线上垂向位移为例，不同单元数的计算结果绘制于图7.15中。

从图7.15中可以看出，截线 $y=1$ m 上重向位移随着单元数、节点数的增加逐渐收敛，当 $n=30$、$m=30$ 时，结果已经收敛了。但是由于计算的是节点的垂向位移，因此节点与节点之间没有值，在绘制图的时候，将两个节点的值按照线性连接，这就是为什么两个节点间是直线。随着节点数的增加，垂向位移随 x 的变化更趋于光滑。

按照上述的步骤以及程序代码，可以利用有限单元法求解类似的平面应力问题。

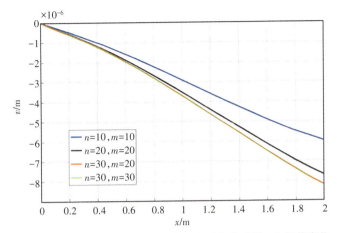

图7.15 不同网格情况下$y=1$ m 截线上垂向位移随x坐标的变化

7.4 数值实验3：薄板弯曲问题

7.4.1 问题描述

仍然运用4.3节中公交车站顶棚在雪荷载作用下的弯曲问题，演示有限单元法求解该问题的主要过程。如图7.16（a）所示，考虑一四边简支的薄板，板面尺寸为$a \times b$，厚度为t，承受垂直于板面的横向均布载荷q作用，D为薄板的抗弯刚度，用有限单元法求解其弯曲变形。其中$q=15$ kN/m²，$t=20$ cm，$a=4$ m，$b=6$ m，$E=80$ GPa，$\mu=0.25$。

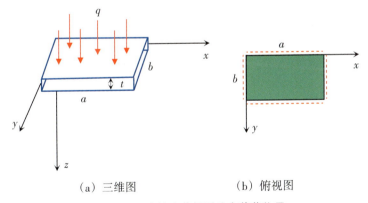

（a）三维图　　　　　（b）俯视图

图7.16 四边简支薄板受均布载荷作用

7.4.2 数值求解

（1）建立直角坐标系。在板中面沿板左边向前建立y轴，z轴垂直板中面向下，x轴垂直Oyz平面水平向右，如图7.16（b）所示。离散定义域，这里选择三角形单元进行离散，为了编程方便，这里单元的形状与7.2节中的单元形状一样，离散形式也一样，但是要注意，这里的单元类型与7.2节的单元类型不同，这里是板单元，每一个节点的自由度由挠度、沿 x 轴的转角和沿 y 轴的转角组成。

（2）标单元号、节点号，计算节点坐标，定义节点位移向量 $[U]_e$、节点力向量 $[F]_e$，如图7.9所示的三节点板单元，则节点位移向量：

$$[U]_e = [w_i \quad \theta_{xi} \quad \theta_{yi} \quad w_j \quad \theta_{xj} \quad \theta_{yj} \quad w_m \quad \theta_{xm} \quad \theta_{ym}]^T,$$

节点力向量：

$$[F]_e = [F_i \quad M_{xi} \quad M_{yi} \quad F_j \quad M_{xj} \quad M_{yj} \quad F_m \quad M_{xm} \quad M_{ym}]^T。$$

（3）求节点位移形函数。根据单元形状和节点自由度，这里的位移形函数可有9个待求系数，以 i 节点挠度 w 为例，其形函数 N_w 如下：

$$N_w = a_1 + a_2 x + a_3 y + a_4 x^2 + a_5 xy + a_6 y^2 + a_7 x^3 + a_8(x^2 y + xy^2) + a_9 y^3 \tag{7.28}$$

其中 a_l（$l=1, 2, \cdots, 9$）是待定系数。如图7.9所示的三角形单元，N_w 满足如下方程：

$$
\begin{array}{ccc}
N_i(x_i, y_i) = 1 & \dfrac{\partial N_i(x_i, y_i)}{\partial x} = 0 & \dfrac{\partial N_i(x_i, y_j)}{\partial y} = 0 \\[3mm]
N_i(x_j, y_j) = 0 & \dfrac{\partial N_i(x_i, y_i)}{\partial x} = 0 & \dfrac{\partial N_i(x_i, y_j)}{\partial y} = 0 \\[3mm]
N_i(x_m, y_m) = 0 & \dfrac{\partial N_i(x_j, y_j)}{\partial x} = 0 & \dfrac{\partial N_i(x_m, y_m)}{\partial y} = 0
\end{array} \tag{7.29}
$$

将（7.28）代入（7.29）便可以通过形函数满足的性质求得 a_l。其他两个转角的形函数形式与（7.28）相同，利用相同的方法可以求得另外两个形函数。

（4）求解单元刚度矩阵。根据上述步骤（3）中求解得到的节点位移形函数，便可以建立单元能量泛函 J：

$$J = \frac{1}{2}[U]_e^T \int \frac{Ez^2}{1-\mu^2} dz \iint_e [B_e]^T [D][B_e] dxdy [U]_e - [U]_e^T [F]_e \tag{7.30}$$

其中，$[D]$ 是弹性系数矩阵：

$$[D] = \frac{E}{1-\mu^2} \begin{bmatrix} 1 & \mu & 0 \\ \mu & 1 & 0 \\ 0 & 0 & (1-\mu)/2 \end{bmatrix} \tag{7.31}$$

$[B]$ 是几何矩阵，与形函数的关系为：

$$[B]_e = \begin{bmatrix} \dfrac{\partial^2 N_i}{\partial x^2} & \dfrac{\partial^2 N_{xi}}{\partial x^2} & \dfrac{\partial^2 N_{yi}}{\partial x^2} & \dfrac{\partial^2 N_j}{\partial x^2} & \dfrac{\partial^2 N_{xj}}{\partial x^2} & \dfrac{\partial^2 N_{yj}}{\partial x^2} & \dfrac{\partial^2 N_m}{\partial x^2} & \dfrac{\partial^2 N_{xm}}{\partial x^2} & \dfrac{\partial^2 N_{ym}}{\partial x^2} \\[3mm] \dfrac{\partial^2 N_i}{\partial y^2} & \dfrac{\partial^2 N_{xi}}{\partial y^2} & \dfrac{\partial^2 N_{yi}}{\partial y^2} & \dfrac{\partial^2 N_j}{\partial y^2} & \dfrac{\partial^2 N_{xj}}{\partial y^2} & \dfrac{\partial^2 N_{yj}}{\partial y^2} & \dfrac{\partial^2 N_m}{\partial y^2} & \dfrac{\partial^2 N_{xm}}{\partial y^2} & \dfrac{\partial^2 N_{ym}}{\partial y^2} \\[3mm] \dfrac{\partial^2 N_i}{\partial x\partial y} & \dfrac{\partial^2 N_{xi}}{\partial x\partial y} & \dfrac{\partial^2 N_{yi}}{\partial x\partial y} & \dfrac{\partial^2 N_j}{\partial x\partial y} & \dfrac{\partial^2 N_{xj}}{\partial x\partial y} & \dfrac{\partial^2 N_{yj}}{\partial x\partial y} & \dfrac{\partial^2 N_m}{\partial x\partial y} & \dfrac{\partial^2 N_{xm}}{\partial x\partial y} & \dfrac{\partial^2 N_{ym}}{\partial x\partial y} \end{bmatrix} \tag{7.32}$$

形函数 N 的形式均与（7.28）相同，下标 i、j、m 表示节点号，x/y 表示转角方向。

单元能量泛函是节点位移的函数，对能量泛函变分取极值，即泛函一阶变分等于 0，有：

$$\delta J = \frac{Et^3}{12(1-\mu^2)} \iint_e [B_e]^T [D] [B_e] \mathrm{d}x\mathrm{d}y [U]_e - [F]_e = 0 \tag{7.33}$$

这样通过（7.33）得到单元上节点位移与节点力间的方程，连接两物理量的矩阵为单元刚度矩阵为（7.34）。

$$[K_e] = \frac{Et^3}{12(1-\mu^2)} \iint_e [B_e]^T [D] [B_e] \mathrm{d}x\mathrm{d}y \tag{7.34}$$

（5）组装整体矩阵。根据节点力平衡和矩平衡将不同单元上的方程合并，得到所有节点力与节点位移间的方程，这个过程也称为组装整体矩阵，连接所有节点力与位移间的矩阵，称为整体刚度矩阵。按照边定位边组装的办法进行，节点被共用时节点标号对应的矩阵对角线元素累加，边被共用时这个边对应的两个节点号对应的行列所在位置元素累加，累加的次数为共用单元数。

（6）处理边界条件。该问题中四边简支，所以在 $x=0$、$x=a$ 以及 $y=0$、$y=b$ 边上所有挠度都为 0，即 $w=0$，所有弯矩都为 0，即 $M=0$，而相应的节点约束未知。因此，这里去掉约束反力未知的相应方程，并将位移为 0 的条件代入其余各方程，在整体刚度矩阵中将 0 位移节点所对应的行列去掉，这样便得到了最终的代数方程组。

（7）数值求解，并对数值结果进行评估。上述方程组是一个普通的线性方程组，编写程序求解即可。求解这样的问题已经有非常成熟的有限元软件，如 COMSOL。一般可视化软件求解力学问题都分为三步，即前处理、求解、后处理。下面用 COMSOL 求解此问题。

首先打开 COMSOL 软件，出现如图 7.17 所示页面。点击 File 按钮命名求解该问题的文件，然后点击 Model Wizard 建立新问题，点击 2D 确定该问题的求解域的维数。然后进入图 7.18 所示页面，点击 Structural Mechanics 确定问题属于力学问题，然后点击 Plate 确定该问题是板问题，点击 add 按钮添加并建立问题，点击 Done 按钮完成问题建立。

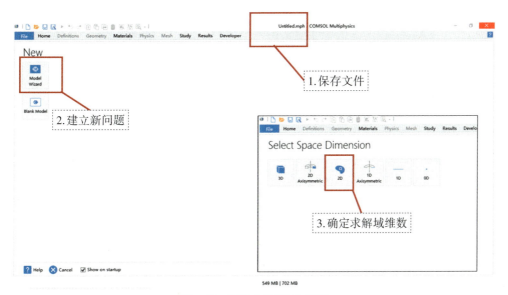

图 7.17　新建 COMSOL 问题

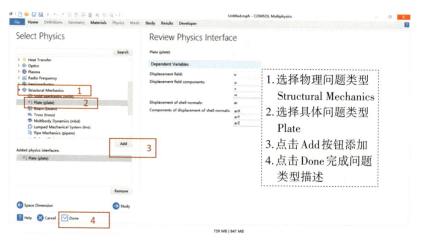

图 7.18 确定问题类型

接下来建立几何模型、物理模型。进入图 7.19 所示页面，将鼠标移至 Geometry 按钮点击鼠标右键，选择求解域形状，本问题求解域为矩形，所以点击 Rectangle，然后在 Size and Shape 处填写长（Height）和宽（Width），即 6 和 4，软件中自动设置了国际单位制，长度单位为 m。点击 Build Selected 确定建立几何模型，在页面中 Graphics 中会显示建好的几何模型。

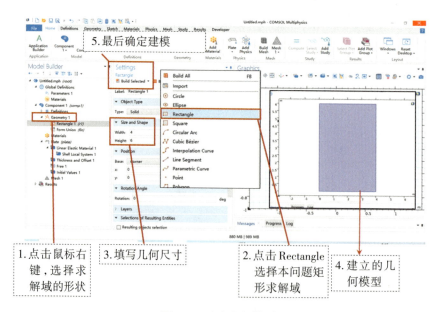

图 7.19 建立几何模型

这样就建好了板的几何模型，在 Model Builder 中出现 Plate，点击 Plate，在 Settings 中确定物理方程为静力学方程，会显示弹性静力学问题的平衡方程，其中 S 是应力张量，F_v 是体力，M_v 是矩。点击 Linear Elastic Material（线弹性材料），填写杨氏模量和泊松比，在 E 和 ν 位置分别点击 User defined，填写相应的数值，这里是 8e10 和 0.25。点击 Thickness and Offset，填写厚度，这里是 0.2 m，如图 7.20 所示。几何模型和物理模型建立完毕。

接下来设置边界条件，鼠标移至 Plate 点击右键，点击 Prescribed Displacement/Rotation，选择位移边界条件，该问题中的薄板四边简支，所以矩 M_n 选项不做处理，默认为 0。然后在几何图形中选择边，因为四边都简支，因此这里点击四边，然后在 Settings 中的 Prescribed Displacement 中点击 Prescribed in x/y/z direction，这样确定了四边的位移都为 0，见图 7.21。

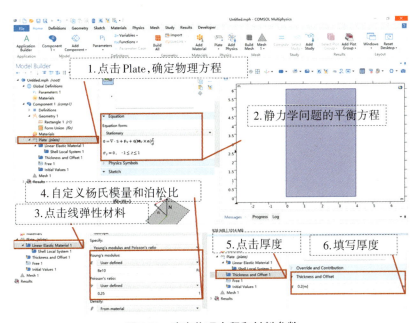

图 7.20　确定物理方程和材料参数

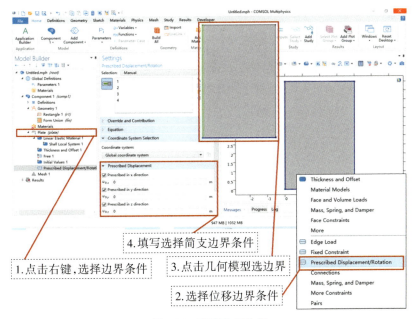

图 7.21　确定几何边界

　　将鼠标移至Plate，点击右键设置力学边界条件，选择Face and Volume Loads，该问题在上板面作用了横向分布载荷，所以接着选Face Load，如图7.22所示。然后在几何图形中点击图形选择上板面，在Force中填写力学边界，沿x、y、z方向分别为0、0、15000 N/m²。接下来就可以划分网格了。将鼠标移至 Mesh 1 点击右键，选择形状，这里选 Free Triangular，然后点击Settings 中的Element size确定网格大小，这里选择了Normal自动划分，如图7.23。也可以选择网格尺寸比较小些，如Fine；或者网格尺寸大些，如Coarse。

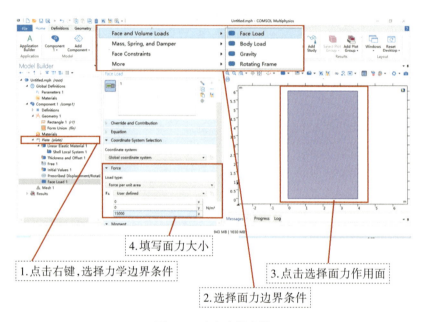

图7.22　确定力学边界

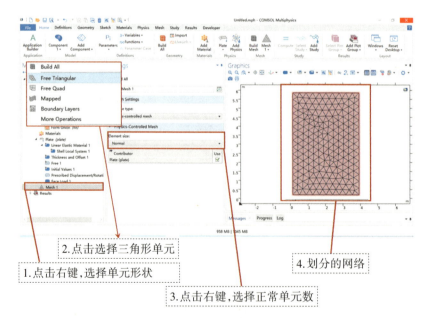

图7.23　划分网格

通过上述步骤完成了建模过程，也就是前处理过程。然后点击 Model Builder 中的 Untitled.mph，点击鼠标右键，如图 7.24 所示，出现 Add Study 按钮，然后点击 Add Study 按钮，一般在页面右侧 Graphics 出现 Add Study 的所有可以选择项目，因为板弯曲问题属于静力学问题，因此这里选择 General Studies 中的 Stationary，然后进行求解，点击 Settings 中的 Compute 按钮开始计算。

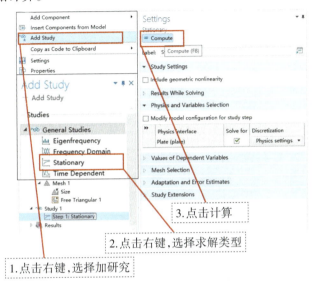

图 7.24　计算设置

该问题比较简单，很快可以完成计算，计算完成后在 Graphics 处出现板中面 Von Mises Strss 应力云图，在 Model Builder 中出现了计算结果 Results，如图 7.25 所示。然后，基于此计算结果可以进一步分析其他力学量。

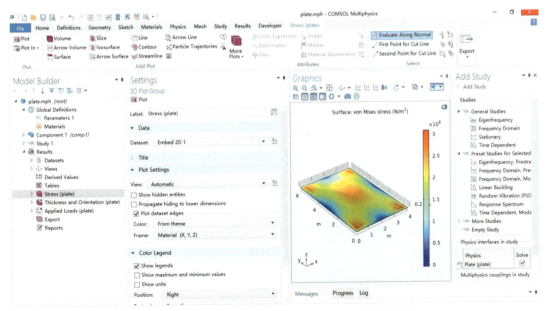

图 7.25　计算结果，板中面 Von Mises Strss 应力云图

如图 7.26 所示，将鼠标移至 Results 点击右键，选择 Surface 1，然后点击 Settings 中 Expression 红色三角形选项，选择 Plate→Displacement→Displacement at midsurface→选择 z 方向位移，然后点击 Plot 按钮画图，如图 7.27 所示的板中面挠度云图。

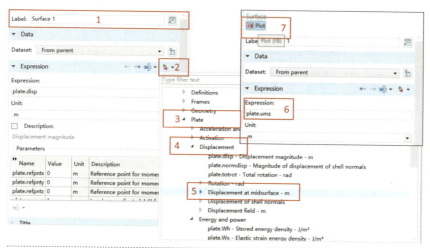

1.选择呈现面上的结果；2.选择显示结果内容；3.选择板；4.选择位移；5.选择板中面；6.选择挠度（z 方向位移）；7.点击画图。

图 7.26　选择画板中面挠度操作

Surface: Displacement at midsurface/m

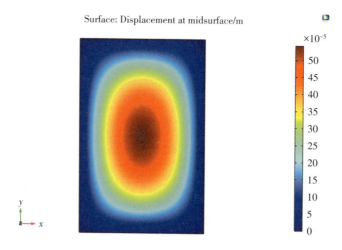

图 7.27　板中面挠度云图

从图 7.27 中可以看出，该挠度云图与第四章的结果非常相似，这里只能从对称性等判断，如果需要进一步对结果进行评估，还需查看具体的数值结果，这里只介绍 COMSOL 计算流程，不再赘述具体结果。在第四章我们还显示了薄板 y 方向中点处沿 x 方向这条线上的挠度，接下来介绍基于计算结果抽取该线上的挠度并作图。

如前所述，实际上 COMSOL 软件计算完成时，将每个单元节点的位移、应力和应变都储存在 Results 中，所以对于位移、应力、应变的显示，只需实施恰当的步骤就能直接显示想要的结果，也就是说上述想要的结果已经保存在 Results 中，但是需要通过合理的步骤才能显示出来。下面介绍 y=3 处挠度显示的步骤。因为要显示某一条线上的结果，所以要先将鼠标移至 Results 处点击鼠标右键选择 Cut Line 2D 1，然后在 Settings 处选择要抽取的直线的两端点坐标，此问题中应该是（0，3）和（4，3），并命名为 xw，然后点击 Plot，会在 Graphics 中显示抽取的直线及其在板中的位置，如图 7.28 所示。再次将鼠标移至 Results 中点击鼠标右键，选择 1D Plot Group，然后在 Settings 中的 Dataset 里选择上一步抽取的直线 xw，点击 Plot 即可在 Graphics 中显示选择的 y=3 处沿 x 方向这条线上的挠度，如图 7.29 所示。读者也可以自行选择不同直线研究其挠度或者其他力学量，只需在上述步骤中填写相应坐标抽取直线，选择相应的力学量即可。

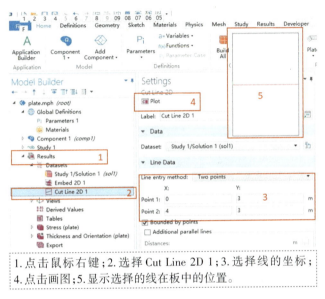

1.点击鼠标右键；2.选择 Cut Line 2D 1；3.选择线的坐标；
4.点击画图；5.显示选择的线在板中的位置。

图7.28　在板中面选择一条直线

1.点击鼠标右键；2.选择 1D Plot Group；3.选择上一步抽取好的线；4.点击画图。

图7.29　绘制图7.28中选择的直线上的挠度

图7.30所示板中$y=3$处的挠度，与前面加权残值法和有限差分法计算的结果形式上相似，这里网格数选择了Normal。我们知道，网格的大小直接影响计算的结果，因此为了评估计算结果，需要进一步精细网格再求解，然后对不同网格数的计算结果进行比较，以确保计算结果收敛。如果需要比较不同方法的计算结果，最好将不同方法的计算结果绘制于一幅图上，这样更直观，方便比较。因此，需要导出COMSOL数值解算结果。下面介绍在COMSOL中将数值计算结果导出至文件的操作步骤。

将鼠标移至 Model Builder 中的 Results 的 Line Graph 1 点击鼠标右键，选择 Add Plot Data to Export，如图 7.31（a）所示，这样就将上述 xw 线的数据输出至 Model Builder 的 Export 中，如图 7.31（b）Plot 1，然后将鼠标移至 Plot 1，点击鼠标右键，选择 Export，界面会出现导出数据的路径设置，可将 xw 这条线上的坐标和挠

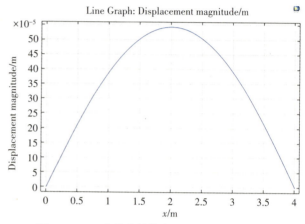

图7.30　$y=3$直线上的挠度（网格为正常网格）

度输出在 txt 文件中。有了数据文件，便可以对不同方法的计算结果进行比较。图7.32显示了有限差分法计算结果、加权残值法计算结果以及有限元法计算结果。从图中可以看出，所有计算结果对称性很好，与该问题的几何对称性、载荷对称性有关。但从定量（具体数值）上看，不同计算力学方法数值解算的结果有明显差别，特别是在板中心附近，各种方法计算结果差别最大。这里要说明的一点是，有限差分法的计算结果还没有收敛，可以通过增加节点数来进一步计算，点（2，3）挠度的精确解在（5.2～5.4）×10^{-4} m 范围内。加权残值法计算结果和有限单元法计算结果间的相对差别不超过4%。

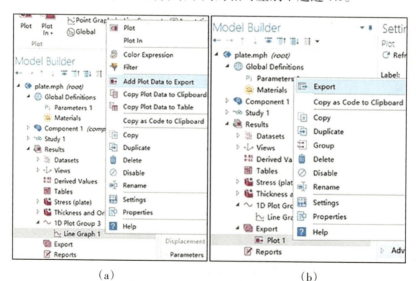

（a）　　　　　　　　　　　　　　（b）

图7.31　导出直线 xw 挠度到数据文件操作步骤

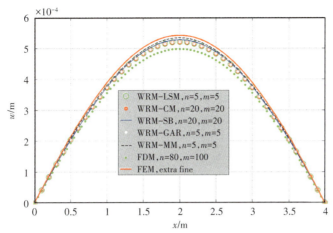

图 7.32　薄板弯曲挠度加权残值法（WRM）计算结果、
有限差分法（FDM）计算结果和有限单元法（FEM）计算结果

注：LSM 是最小二乘法，CM 是配点法，SB 是子区域法，GAR 是伽辽金法，MM 是矩量法；n 和 m 是指近似解取的项数或者离散的点数，有限单元法使用了超精细网格（extra fine）。

7.5　数值实验4：桁架变形问题

7.5.1　问题描述

　　三脚架是一种最简单的空间桁架结构，如常见的用来支撑相机的三脚架，如图 7.33（a）所示。通常摄像设备倾斜时，三脚架各杆受力不同，变形也有所不同。假设三脚架的空间桁架如图 7.33（b）所示，A、B、C 三点在同一平面内，均铰支，D 点受到 $F=12$ N 平行于 ABC 面的拉力，D 点距离平面 ABC 为 5 m，其在平面 ABC 投影距 A、C 两点均为 4 m，距 B 点 3 m。杆 AD、CD 的横截面积均为 10 cm²，杆 BD 的横截面积为 20 cm²。所有杆的杨氏模量均为 0.2 GPa。

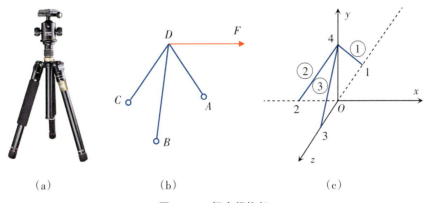

（a）　　　　　　　　（b）　　　　　　　　（c）

图 7.33　3杆空间桁架

7.5.2 数值求解过程

（1）建立直角坐标系 xyz，如图 7.33（c）所示，以 D 到平面 ABC 的投影为 y 轴，O 为坐标原点，沿 AC 为 z 轴。

（2）标节点号（A 为 1 节点，B 为 2 节点，C 为 3 节点，D 为 4 节点）、单元号（AD 为 1 单元，BD 为 2 单元，CD 为 3 单元），计算节点坐标 1（0，0，-4）、2（-3，0，0）、3（0，0，4）和 4（0，5，0）。

（3）以节点位移为待求未知变量，节点力为已知量，节点位移列向量记为 $U_e = [u_i,\ v_i,\ w_i,\ u_j,\ v_j,\ w_j]^T$，节点力列向量记为 $F_e = [F_{xi},\ F_{yi},\ F_{zi},\ F_{xj},\ F_{yj},\ F_{zj}]^T$。

（4）写出每一个单元的单元刚度矩阵：

$$\frac{EA}{l}\begin{bmatrix} K_{ii} & K_{ij} \\ K_{ji} & K_{jj} \end{bmatrix} \tag{7.35}$$

其中 $K_{ij}=K_{ji}=-K_{ii}$，$K_{jj}=K_{ii}$，而

$$K_{ii} = \begin{bmatrix} (\sin\theta\cos\alpha)^2 & \sin^2\theta\sin\alpha\cos\alpha & \sin\theta\cos\theta\cos\alpha \\ \sin^2\theta\sin\alpha\cos\alpha & (\sin\theta\sin\alpha)^2 & \sin\theta\cos\theta\sin\alpha \\ \sin\theta\cos\theta\cos\alpha & \sin\theta\cos\theta\sin\alpha & (\cos\theta)^2 \end{bmatrix}$$

（5）组装整体矩阵。记录节点被单元共用的情况，将单元刚度矩阵组装成整体刚度矩阵，其中当节点被几个单元共用时，相应的整体矩阵对角元素累加几次；这样得到整个结构节点力与节点位移的关系，即线性方程组，是一个矩阵表达的形式。如下：

$$\begin{bmatrix} K_{1,11} & 0 & 0 & K_{1,14} \\ 0 & K_{2,22} & 0 & K_{2,24} \\ 0 & 0 & K_{3,33} & K_{3,34} \\ K_{1,41} & K_{2,42} & K_{3,41} & K_{1,44}+K_{2,44}+K_{3,44} \end{bmatrix} \tag{7.36}$$

上述矩阵中字母第一个下标表示单元号，其他的下标表示节点号。

（6）处理边界条件。该问题的 1~3 节点均铰支，这 3 个节点所对应的节点位移分量均为 0，节点力分量均未知，因此，将这些节点所有方程都去掉。节点 4 沿 x 轴方向作用了 12 N 的力，其他力为 0，将其填入相应的常数项对应位置，得到最终代数方程组。

$$\left[\frac{A_1}{l_1}K_{1,44}+\frac{A_2}{l_2}K_{2,44}+\frac{A_3}{l_3}K_{3,44}\right]U_4 = F \tag{7.37}$$

其中 $U_4 = [u_4\ \ v_4\ \ w_4]^T$，$F = [12\ \ 0\ \ 0]^T$。另外设 3 个单元与 z 轴夹角及其投影与 x 轴夹角分别为 θ_1、α_1，θ_2、α_2，θ_3、α_3。则 $\sin\theta_1=5/l_1$，$\cos\theta_1=4/l_1$，$\sin\alpha_1=1$，$\cos\alpha_1=0$；$\sin\theta_2=1$，$\cos\theta_2=0$，$\sin\alpha_2=5/l_2$，$\cos\alpha_3=3/l_2$；$\sin\theta_3=5/l_1$，$\cos\theta_3=-4/l_1$，$\sin\alpha_3=1$，$\cos\alpha_3=0$。

（7）数值求解，并对数值结果进行评估。利用 2.5 节的求解线性方程组的程序进行求解，得到节点位移的解。该问题简单，最终只剩下 3 个三元一次代数方程，在草稿纸上就可以求解。节点 4 的节点位移分别为 $u_4=1.54\times10^{-3}$ m，$v_4=-5.25\times10^{-4}$ m，$w_4=0$ m。当然使用 COMSOL 软件也可以求解。

通过对有限单元法的学习可以发现，有限单元法的求解过程非常烦琐，但是模块儿化很好，编写的程序通用性很高。因此，针对桁架和钢架结构的有限元求解过程，作者编写

了求解程序代码，并形成了《桁架与钢架有限元教学软件》，可以很直观地进行桁架和钢架结构的有限元求解，也可以供桁架和钢架结构的有限元求解过程的教学使用。下面将介绍这款软件的设计和使用说明，并演示求解上述三脚架变形的问题。

　　这款软件基于直接有限元原理设计，用来求解桁架和二维平面刚架变形。求解过程基于 7.1.1 和 7.1.2 节给出直接有限元求解桁架和钢架的步骤实现，即涉及了单元划分、单元号标注、节点号标注、计算节点坐标和单元与坐标轴所成角度、求解等步骤。求解流程使用分步操作并附有详细的步骤说明，概念清晰，操作简单。

　　软件制作基于 MATLAB（R2014a）平台设计，将求解流程中各项数据经过了可视化设计，具有良好的演示能力，非常简单易懂，只需具有直接有限元求解桁架和刚架变形的基础知识便可应用，用户无需掌握相关计算机编程知识。相对于主流大型有限元软件，该软件占用空间小，系统需求低，便携性好，但因为对数值计算结果的评估不够且需要手动输入的数据较多，不适用于专业工程问题的求解。

　　程序启动后，弹出命令行窗口和程序主页面，主页面如图 7.34 所示。主页面窗口有"平面桁架分步求解器""空间桁架分步求解器""平面刚架分步求解器"以及"平面桁架快速求解器"界面，点击相应按钮便可以求解相应问题。

图7.34　有限元教学可视化软件主界面

　　根据主页面窗口可以看出，此软件可以求解平面桁架结构的单元节点位移、空间桁架结构单元节点位移，以及平面钢架结构单元节点位移。根据用户所求解问题的不同，可以选择不同的求解器进行求解。每一个求解器都包含了具体的求解过程，包括问题的描述、单元划分、单元标号和单元节点标号、材料参数和几何参数、节点外力以及节点位移边界条件的输出，以及问题求解和结果显示，根据要求可将求解结果输出到指定数据文件。同时也配置了平面桁架结构的快速求解器，对平面桁架有限元求解已经非常熟悉的用户可以对平面桁架问题进行快速求解，不需要通过整个平面桁架有限元实现过程来求解；不了解平面桁架有限元求解原理、只知道平面桁架单元节点位移的用户，也可以使用"平面桁架快速求解器"快速获取平面桁架结构单元节点位移。

下面以"空间桁架分步求解器"为例说明软件的使用，界面如图7.35所示。根据使用过程，下面将介绍软件界面按钮的功能和注意事项。

首先，当选择主界面的指定求解器后，会出现如图7.35所示的求解器界面。

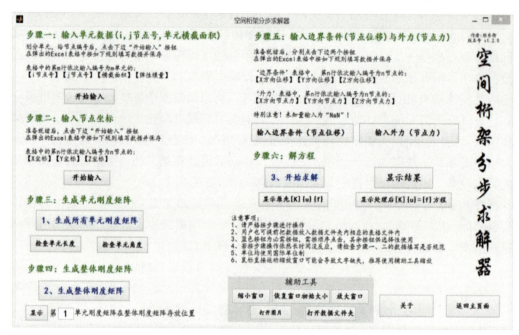

图7.35　空间桁架分步求解器界面

在辅助工具中点击"打开图片"按钮，可以显示用户即将解决的问题，包括平面桁架问题、空间桁架问题以及平面钢架问题的几何特征，外力和位移边界条件，预先划分的单元，以及单元和节点标号。如教师在上课过程需要向学生展示要求解的问题，通过点击"打开图片"按钮打开图片，此图片需要提前绘制好，图片格式要求为jpg，图片的大小不能超过2 M。这里以图7.33（c）为例。

根据图片显示，相当于已经了解了所求问题的基本信息，在软件中所需要的参数有物理参数弹性模量、几何参数杆件截面面积和杆件长度；以及在使用有限元求解杆件节点位移时，预先划分单元，标出单元号和节点号。此时，点击第一个"开始输入"按钮后，弹出相关表格文件并按程序上的说明导入数据至表格文件中并保存，如图7.36所示。

	编号.xlsx - Microsoft Excel						
	开始	插入	页面布局	公式	数据	审阅	视图	福昕阅读器
	F2		f_x				
	A	B	C	D	E	F	G	H
1	1	4	0.001	200000000				
2	2	4	0.002	200000000				
3	3	4	0.001	200000000				
4								
5								

图7.36　单元节点标号以及单元物理参数和几何参数

　　根据有限元求解桁架结构和钢架结构的方法，首先建立坐标系，在这里软件只适用直角坐标系，在计算好各单元节点的坐标后，点击第二个"开始输入"按钮，将节点标号以及节点坐标输入Excel表格中，或者直接导入预先填好的Excel表格，如图7.37所示。

	A	B	C	D	E	F	G	H
1	0	0	-4					
2	-3	0	0					
3	0	0	4					
4	0	5	0					
5								
6								
7								
8								

图7.37　单元节点坐标，从左到右依次为 x、y、z 方向坐标分量

　　这样便可以计算单元与坐标轴的夹角，根据7.1.2步骤可知，只需要计算单元与 z 轴的夹角以及单元在 xOy 平面投影与 x 轴的夹角，这一步在程序中可自动完成，为生成单元刚度矩阵做准备。

　　为了后处理需要，以及检验初始输入参数的正确性，也可以点击"检查单元角度"按钮，将每一个单元记为 ij 杆件与坐标轴的夹角，即 ij 转向各坐标轴正方向的角度，如 ij 转向 x 轴正方向的角度、ij 转向 y 轴正方向的角度以及 ij 转向 z 轴正方向的角度，如图7.38所示，这里也只显示了3个单元的结果。单元标号与单元角度数据行号一致，第 n 数据即为第 n 个单元的角度。也可以点击"检查单元长度"按钮，检查单元长度，如图7.39所示，显示了根据节点坐标计算的单元长度。

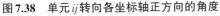

检查：单元角度

单元号		单元与X轴夹角	单元与Y轴夹角	单元与Z轴夹角
	1	90	38.6598	51.3402
	2	59.0362	30.9638	90
	3	90	38.6598	128.6598

图7.38　单元 ij 转向各坐标轴正方向的角度

检查：单元...

单元号		单元长度
	1	6.4031
	2	5.8310
	3	6.4031

图7.39　单元长度

　　根据单元几何参数、物理参数以及与坐标轴的夹角，利用（7.35）便可计算单元刚度矩阵。在软件中可以在命令窗口输出单元矩阵元素，也可以在图形界面窗口输出单元矩阵元素。点击"1.生成所有单元刚度矩阵"按钮，程序后台开始计算各单元刚度矩阵，如果用户需要了解整个计算过程，也可以浏览命令窗口。计算完毕后，软件界面会弹出"单元刚度矩阵"窗口。

　　根据空间桁架结构有限元求解法，我们知道每个单元有2个节点，每个节点有3个坐标，需要求解3个位移，因此每个单元刚度矩阵应该是6×6的方阵，如图7.40所示，3个单元刚度矩阵均为6行×6列方阵，同时也可以检测单元刚度矩阵的元素，为进一步求解做准备。

单元刚度矩阵

单元号

第1单元矩阵

	单元号						
1	1	NaN	NaN	NaN	NaN	NaN	NaN
2	NaN	1.1711e-28	1.4935e-12	1.1948e-12	-1.1711e-28	-1.4935e-12	-1.1948e-12
3	NaN	1.4935e-12	1.9046e+04	1.5236e+04	-1.4935e-12	-1.9046e+04	-1.5236e+04
4	NaN	1.1948e-12	1.5236e+04	1.2189e+04	-1.1948e-12	-1.5236e+04	-1.2189e+04
5	NaN	-1.1711e-28	-1.4935e-12	-1.1948e-12	1.1711e-28	1.4935e-12	1.1948e-12
6	NaN	-1.4935e-12	-1.9046e+04	-1.5236e+04	1.4935e-12	1.9046e+04	1.5236e+04
7	NaN	-1.1948e-12	-1.5236e+04	-1.2189e+04	1.1948e-12	1.5236e+04	1.2189e+04
8	2	NaN	NaN	NaN	NaN	NaN	NaN
9	NaN	1.8159e+04	3.0264e+04	2.1611e-12	-1.8159e+04	-3.0264e+04	-2.1611e-12
10	NaN	3.0264e+04	5.0441e+04	3.6019e-12	-3.0264e+04	-5.0441e+04	-3.6019e-12
11	NaN	2.1611e-12	3.6019e-12	2.5721e-28	-2.1611e-12	-3.6019e-12	-2.5721e-28
12	NaN	-1.8159e+04	-3.0264e+04	-2.1611e-12	1.8159e+04	3.0264e+04	2.1611e-12
13	NaN	-3.0264e+04	-5.0441e+04	-3.6019e-12	3.0264e+04	5.0441e+04	3.6019e-12
14	NaN	-2.1611e-12	-3.6019e-12	-2.5721e-28	2.1611e-12	3.6019e-12	2.5721e-28
15	3	NaN	NaN	NaN	NaN	NaN	NaN
16	NaN	1.1711e-28	1.4935e-12	-1.1948e-12	-1.1711e-28	-1.4935e-12	1.1948e-12
17	NaN	1.4935e-12	1.9046e+04	-1.5236e+04	-1.4935e-12	-1.9046e+04	1.5236e+04
18	NaN	-1.1948e-12	-1.5236e+04	1.2189e+04	1.1948e-12	1.5236e+04	-1.2189e+04
19	NaN	-1.1711e-28	-1.4935e-12	1.1948e-12	1.1711e-28	1.4935e-12	-1.1948e-12
20	NaN	-1.4935e-12	-1.9046e+04	1.5236e+04	1.4935e-12	1.9046e+04	-1.5236e+04
21	NaN	1.1948e-12	1.5236e+04	-1.2189e+04	-1.1948e-12	-1.5236e+04	1.2189e+04

第3单元矩阵

图7.40 生成的单元刚度矩阵

接下来进行有限元数值求解中最为重要的一步，即生成整体刚度矩阵，这一步与计算单元刚度矩阵类似，也可以在命令窗口显示，或者在软件界面点击“2.生成整体刚度矩阵”按钮实现，待整体刚度矩阵组装完毕后，软件界面会自动弹出整体刚度矩阵的具体数值，如图7.41所示。这里要注意，通常情况下2个或多个单元会共享节点，因此整体刚度矩阵的阶数要根据节点个数确定，设节点个数为m，每个节点自由度为3，则整体刚度矩阵应该是$3m\times3m$的方阵，因此该问题中整体刚度矩阵是一个12×12的方阵。图7.41由于显示问题，10～12列数据没有显示全，读者可以自行检查。自由度与所求解的问题有关，如

整体刚度矩阵

	1	2	3	4	5	6	7	8	9
1	1.1711e-28	1.4935e-12	1.1948e-12	0	0	0	0	0	0
2	1.4935e-12	1.9046e+04	1.5236e+04	0	0	0	0	0	0
3	1.1948e-12	1.5236e+04	1.2189e+04	0	0	0	0	0	0
4	0	0	0	1.8159e+04	3.0264e+04	2.1611e-12	0	0	0
5	0	0	0	3.0264e+04	5.0441e+04	3.6019e-12	0	0	0
6	0	0	0	2.1611e-12	3.6019e-12	2.5721e-28	0	0	0
7	0	0	0	0	0	0	1.1711e-28	1.4935e-12	-1.1948e-12
8	0	0	0	0	0	0	1.4935e-12	1.9046e+04	-1.5236e+04
9	0	0	0	0	0	0	-1.1948e-12	-1.5236e+04	1.2189e+04
10	-1.1711e-28	-1.4935e-12	-1.1948e-12	-1.8159e+04	-3.0264e+04	-2.1611e-12	-1.1711e-28	-1.4935e-12	1.1948e-12
11	-1.4935e-12	-1.9046e+04	-1.5236e+04	-3.0264e+04	-5.0441e+04	-3.6019e-12	-1.4935e-12	-1.9046e+04	1.5236e+04
12	-1.1948e-12	-1.5236e+04	-1.2189e+04	-2.1611e-12	-3.6019e-12	-2.5721e-28	1.1948e-12	1.5236e+04	-1.2189e+04

图7.41 组装生成的整体刚度矩阵

平面桁架结构，每个节点的自由度为2个，分别是水平和垂向方向的线位移，空间桁架结构每个节点的自由度为3个，分别为沿直角坐标系3个轴向线位移，平面钢架结构每个节点的自由度为3个，分别为两相互垂直的线位移和一个转角。所以，用户可以根据所求解问题的特点和单元数，初步验证组装成的整体刚度矩阵是否正确，同时也可以观察整体刚度矩阵的元素性质，比如各元素的大小差异，对求解结果进行预判。

　　然后，根据问题预先写入已知节点位移和已知节点力，分别点击"输入边界条件（节点位移）"和"输入外力（节点力）"按钮，将已知节点位移和节点力导入，或者自行输入，这里已知节点位移和节点力为列向量，列向量的尺寸与整体刚度矩阵的列数相等，但是已知节点位移和节点力向量只在相应节点处有已知值，其他位置元素全部置空。本问题中节点1~3铰支，因此其3个方向的位移为0，节点4自由，因此相应元素置空了，如图7.42上图所示。另外，因为1~3节点铰支，因此节点力未知，而节点4受平行于ABC平面的作用力，这里假设沿x轴方向，相应的节点力如图7.42下图所示。

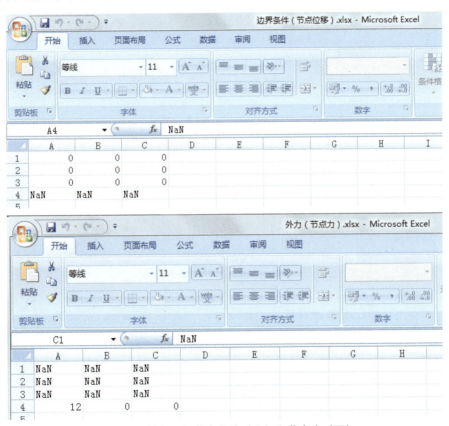

图7.42　输入已知节点位移（上）和节点力（下）

　　将已知节点位移和节点力输入后，就可以得到该问题的所有方程，以矩阵形式显示，点击"显示原先[K][u]=[f]"即可以显示由整体刚度矩阵连接的所有节点力和节点位移的方程，节点被共用的情况已经进行了力平衡处理，如图7.43所示。因为有些节点位移已知无需再求解，相应的节点力未知而无法求解，需要将方程化简然后再求解。以已知节点位移为零位移为例，将所有节点位移为零的行列划去，得到满秩方程组，点击"显示处理后

[K][u]=[f]"可以显示该问题满秩方程组，如图7.44所示。

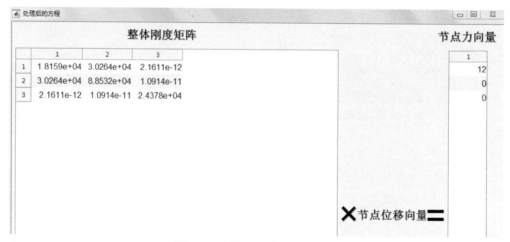

图7.43　引入已知节点位移、节点力方程组

（图7.44 处理后的方程）

整体刚度矩阵

	1	2	3
1	1.8159e+04	3.0264e+04	2.1611e-12
2	3.0264e+04	8.8532e+04	1.0914e-11
3	2.1611e-12	1.0914e-11	2.4378e+04

节点力向量

	1
	12
	0
	0

✕节点位移向量＝

图7.44　去掉已知位移的方程组

如图7.45所示是软件求解得到的节点位移和节点反力，对比上述推导得到的节点4的位移，发现软件计算结果和推导结果相差非常小，前者为0.0015、−5.2506e−4、9.8902e−20，后者为$1.54×10^{-3}$、$−5.25×10^{-4}$、0，相对差别不高于3%。当然我们知道该问题中节点1~3的位移分量是0。应用求得的节点位移求解节点约束力、杆轴力、应力等，如图7.45软件同时也计算得到了节点1~3的约束力。

（图 结果）

	u（X方向位移）	v（Y方向位移）	w（Y方向位移）	Fx	Fy	Fz
1	0	0	0	7.8416e-16	10.0000	8.0000
2	0	0	0	-12.0000	-20.0000	-1.4282e-15
3	0	0	0	7.8416e-16	10.0000	-8.0000
4	0.0015	-5.2506e-04	9.8902e-20	12	0	0

图7.45　求解结果

这里需要注意的是，应用直接有限元法求解桁架节点位移，单元是通过杆件自然长度进行离散的，因此不能再通过减小单元或者增加节点来评估计算结果，一般认为求解结果是精确的。上述杆的变形在线弹性小变形的情形下，整个理论才成立，否则不能使用直接有限元法进行求解。

习题

1.长为 L、截面抗弯刚度为 EI 的等截面梁，如图1所示。利用有限单元法求图1所示分布载荷作用下梁的挠度并与解析解对比。

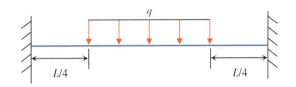

图1 等截面梁在分布载荷作用下弯曲

2.矩形板，长 a，宽 b，厚 h，受面内集中力作用如图2所示。利用有限单元法求板变形和应力分布。

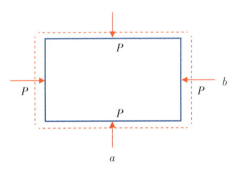

图2 均匀矩形薄板四边受面内集中力作用下的变形

3.试用有限单元法计算如图3所示桁架中各杆位移，杆为等截面圆杆，杆长度、截面积以及外加载荷可根据实际情况确定，也可以自行假设。

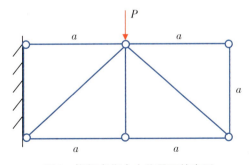

图3 桁架在集中力作用下的变形

4.矩形板，长 a，宽 b，厚 h，板面受分布荷载 $q=q_0\sin(\pi x/a)\sin(\pi y/b)$ 作用，上边界和左边界固支，其余边自由。利用有限单元法求板的挠度。

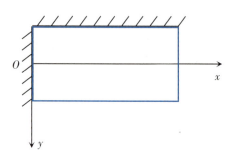

图4   均匀薄板在分布载荷作用下的弯曲

5.随着人们生活水平的提高，很多人装空调调节室内温度，在建筑外墙搭建了放置空调的置物板。请调研置物板的几何、物理参数以及空调机的质量等，利用有限单元法计算置物板在空调机作用下的力学行为。

6.塔吊是建筑工地上常见的施工设备，试调研塔吊的结构，以有限单元法分析塔吊工作时其杆件的变形。

7.我国500 m口径天文射电望远镜镜面由4450块三角形平板组成，平板的变形对馈源信号收集有一定程度的影响。请利用有限单元法或相关软件计算镜面由于太阳照射热应力导致的变形。

8.2023年11月6日，黑龙江佳木斯市一体育馆垮塌。据新闻报道，事发前几天一直在下雪。请调研该体育馆结构和力学参数，建立体育馆顶棚在雪荷载作用下的力学方程，并利用有限单元法对顶棚在雪荷载作用下的变形进行分析，尝试揭示体育馆顶棚垮塌的原因。

9.兰州中山桥历史悠久，是中国近代工业发展的见证。中山桥经过几次修建，得以完整保存并仍然可以被使用，现在中山桥只允许行人通行。请调研中山桥相关参数以及黄河水流参数，用有限元法求解桥墩周围的水速和压力。

10.纳米压痕测试仪可以实时表征和观察微/纳米尺度材料机械力学性能。采用高分辨率制动器迫使压头进入测试样品表面，再通过高分辨率的位移传感器连续测量所产生的压入位移，进而给出载荷位移曲线。调研纳米压痕仪基本原理及不同压头形式应力分布，建立压头与被测材料表面之间的压痕接触模型，自行选择弹性本构模型或弹塑性本构模型，利用有限元法分析计算材料在压头压入过程中的应力及位移。

附录1 MATLAB常用命令

操作字符和特殊字符

命令	解释	命令	解释
+	加	−	减
*	矩阵乘法	.*	数组乘法
^	矩阵幂	.^	数组幂
\	左除或反斜杠	/	右除或斜杠
./	数组除	kron	kronecker张量积
.	小数点	..	父目录
…	继续	'	转置或引用
=	赋值	==	相等
<>	关系符	&	逻辑与
|	逻辑或	~	逻辑非
xor	逻辑异或		

逻辑函数

命令	解释	命令	解释
exist	检查变量或函数是否存在	any	向量的任一元为真,则其值为真
all	向量的所有元为真,则其值为真	find	找出非零元素的索引号

三角函数

命令	解释	命令	解释
sin	正弦	sinh	双曲正弦
asin	反正弦	asinh	反双曲正弦
cos	余弦	cosh	双曲余弦
acos	反余弦	acosh	反双曲余弦

续表

tan	正切	tanh	双曲正切
atan	反正切	atan2	四象限反正切
atanh	反双曲正切	sec	正割
sech	双曲正割	asech	反双曲正割
csc	余割	csch	双曲余割
acsc	反余割	acsch	反双曲余割
cot	余切	coth	双曲余切
acot	反余切	acoth	反双曲余切

指数函数

命令	解释	命令	解释
exp	指数	log	自然对数
log10	常用对数	sqrt	平方根

复数函数

命令	解释	命令	解释
abs	绝对值	angle	相角
conj	复共轭	image	复数虚部
real	复数实部		

数值函数

命令	解释	命令	解释
fix	朝零方向取整	floor	朝负无穷大方向取整
ceil	朝正无穷大方向取整	round	朝最近的整数取整
rem	除后取余	sign	符号函数

基本矩阵

命令	解释	命令	解释
zeros	零矩阵	ones	全"1"矩阵
eye	单位矩阵	randn	正态分布的随机数矩阵
rand	均匀分布的随机数矩阵	logspace	对数间隔的向量
meshgrid	三维图形的 x 和 y 数组	:	规则间隔的向量

续表

特殊变量和常数

命令	解释	命令	解释
ans	当前的答案	eps	相对浮点精度
realmax	最大浮点数	realmin	最小浮点数
pi	圆周率	i,j	虚数单位
inf	无穷大	nan	非数值
flops	浮点运算次数	nargin	函数输入变量数
nargout	函数输出变量数	computer	计算机类型
isieee	当计算机采用ieee算术标准时，其值为真		

矩阵操作

命令	解释	命令	解释
diag	建立和提取对角阵	fliplr	矩阵左右翻转
flipud	矩阵上下翻转	reshape	改变矩阵大小
rot90	矩阵旋转90°	tril	提取矩阵的下三角部分
triu	提取矩阵的上三角部分	:	矩阵的索引号，重新排列矩阵
compan	友矩阵	hadamard	hadamard矩阵
hankel	hankel矩阵	hilb	hilbert矩阵
invhilb	逆hilbert矩阵	kron	kronecker张量积
magic	魔方矩阵	toeplitz	toeplitz矩阵
vander	vandermonde矩阵		

矩阵分析

命令	解释	命令	解释
cond	计算矩阵条件数	norm	计算矩阵或向量范数
rcond linpack	逆条件值估计	rank	计算矩阵秩
det	计算矩阵行列式值	trace	计算矩阵的迹
null	零矩阵	orth	正交化

线性方程

命令	解释	命令	解释
\和/	线性方程求解	lu	lu分解

续表

inv	矩阵求逆	chol	cholesky 分解
qr	正交三角矩阵分解（QR 分解）	pinv	矩阵伪逆

特征值和奇异值

命令	解释	命令	解释
eig	求特征值和特征向量	poly	求特征多项式
hess	hessberg 形式	schur	schur 分解
qz	广义特征值	cdf2rdf	变复对角矩阵为实分块对角形式
balance	矩阵均衡处理以提高特征值精度	svde	奇异值分解

矩阵函数

命令	解释	命令	解释
expm	矩阵指数	expm1	实现 expm 的 M 文件
expm2	通过泰勒级数求矩阵指数	expm3	通过特征值和特征向量求矩阵指数
logm	矩阵对数	sqrtm	矩阵开平方根
funm	一般矩阵的计算		

非线性数值方法

命令	解释	命令	解释
ode23	求解低阶常微分方程	ode23p	求解低阶常微分方程并绘出结果图形
ode45	求解高阶常微分方程	quad	计算数值积分
quad8	计算高阶数值积分	fmins	多变量函数的极小化
fmin	单变量函数的极小变化	fzero	找出单变量函数的零点
fplot	函数绘图		

多项式函数

命令	解释	命令	解释
roots	求多项式根	poly	构造具有指定根的多项式
polyvalm	带矩阵变量的多项式计算	residue	部分分式展开（留数计算）
polyfit	数据的多项式拟合	polyder	微分多项式
conv	多项式乘法	deconv	多项式除法

建立和控制坐标系

命令	解释	命令	解释
subplot	在标定位置上建立坐标系	axes	在任意位置上建立坐标系

gca	获取当前坐标系的句柄	cla	清除当前坐标系
axis	控制坐标系的刻度和形式	caxis	控制伪彩色坐标刻度
hold	保持当前图形		

句柄图形对象

命令	解释	命令	解释
figure	建立图形窗口	axes	建立坐标系
line	建立曲线	text	建立文本串
patch	建立图形填充块	surface	建立曲面
image	建立图像	uicontrol	建立用户界面控制
uimen	建立用户界面菜单		

句柄图形操作

命令	解释	命令	解释
set	设置对象	get	获取对象特征
reset	重置对象特征	delete	删除对象
newplot	打开一个新图形界面	gco	获取当前对象的句柄
drawnow	填充未完成绘图事件	findobj	寻找指定特征值的对象

打印和存储

命令	解释	命令	解释
print	打印图形或保存图形	printopt	配置本地打印机缺省值
orient	设置纸张取向	capture	屏幕抓取当前图形

基本 $x-y$ 图形

命令	解释	命令	解释
plot	线性图形	semilogx	半对数坐标图形（X轴为对数坐标）
loglog	对数坐标图形	semilogy	半对数坐标图形（Y轴为对数坐标）
fill	绘制二维多边形填充图		

特殊 $x-y$ 图形

命令	解释	命令	解释
polar	极坐标图	bar	条形图
stem	离散序列图或杆图	stairs	阶梯图

续表

errorbar	误差条图	hist	直方图
rose	角度直方图	compass	区域图
feather	箭头图	fplot	绘图函数
comet	星点图		

图形注释

命令	解释	命令	解释
title	图形标题	xlabel	X轴标记
ylabel	Y轴标记	text	文本注释
gtext	用鼠标放置文本	grid	网格线

matlab 编程语言

命令	解释	命令	解释
function	增加新的函数	eval	执行由 MATLAB 表达式构成的字串
feval	执行由字串指定的函数	global	定义全局变量

程序控制流

命令	解释	命令	解释
if	条件执行语句	else	与if命令配合使用
elseif	与if命令配合使用	end	for、while 和 if 语句的结束
for	重复执行指定次数（循环）	while	重复执行不定次数（循环）
break	终止循环的执行	return	返回引用的函数
error	显示信息并终止函数的执行		

交互输入

命令	解释	命令	解释
input	提示用户输入	keyboard	像底稿文件一样使用键盘输入
menu	产生由用户输入选择的菜单	pause	暂停

一般字符串函数

命令	解释	命令	解释
strings	MATLAB 中有关字符串函数的说明	abs	变字符串为数值
setstr	变量值为字符串	isstr	当变量为字符串时其值为真

附录2　程序代码二维码

第4章　有限差分法求解力学问题

地基梁弯曲问题有限差分法求解程序	杆瞬态热传导隐式格式有限差分法求解程序	杆瞬态热传导迭代格式有限差分法求解程序	薄板弯曲问题有限差分法求解程序
薄板弯曲问题有限差分法求解程序（降维）	沙粒运动轨迹有限差分法求解程序	沙粒运动轨迹四阶龙格库塔法求解程序	杆振动问题有限差分法求解程序
均布载荷作用下两端简支梁弯曲挠度有限差分法求解程序（无虚拟结点）	均布载荷作用下两端简支梁弯曲挠度有限差分法求解程序（虚拟结点）	杆振动有限差分法求解程序（迭代格式）	

第5章　加权残值法求解力学问题

地基梁弯曲问题最小二乘内部加权残值法求解程序	地基梁弯曲问题配点内部加权残值法求解程序	地基梁弯曲问题子区域内部加权残值法求解程序	地基梁弯曲问题伽辽金内部加权残值法求解程序
地基梁弯曲问题矩量内部加权残值法求解程序	地基梁弯曲问题最小二乘混合加权残值法求解程序	薄板弯曲问题配点内部加权残值法求解程序	薄板弯曲问题子区域内部加权残值法求解程序
薄板弯曲问题矩量内部加权残值法求解程序	杆振动问题最小二乘加权残值法（边界法）求解程序	薄板振动最小二乘内部加权残值法求解程序	

第6章　变分法近似求解力学问题

地基梁直接变分法近似求解程序	薄板弯曲问题变分法近似求解程序 Ⅰ	薄板弯曲问题变分法近似求解程序 Ⅱ	杆瞬态热传导问题变分法近似求解程序

第7章　有限单元法求解力学问题

地基梁弯曲问题有限单元法求解程序	平面应力问题有限单元法求解程序

参考文献

［1］张文生.微分方程数值解——有限差分理论方法与数值计算［M］.北京:科学出版社,2006.

［2］徐次达.固体力学加权残值法［M］.上海:同济大学出版社,1987.

［3］ZIENKIEWICZ O C, TAYLOR R L, ZHU J Z. The finite element method: Its basis and fundamentals［M］. Singapore: Elsevier Pte. Ltd., 2000.

［4］康颖安.功能梯度梁的静动态力学行为分析［D］.长沙:中南大学,2012.

［5］朱立新.刚刚,合肥官方通报16处公交站倒塌致人伤亡事件［EB/OL］.(2018-01-05). https://cn.chinadaily.com.cn/2018-01/05/content_35446867.htm?t=1515142868304,2018,01.

［6］徐芝纶.弹性力学简明教程［M］.4版.北京:高等教育出版社,2013.

［7］ZHOU J, SCHWARTZ J. Effect of heaters on the measurement of normal zone propagation velocity on short YBCO conductors［J］. Physica C: Superconductivity and its Applications, 2021, 583(1):1353848.

［8］WANG X, TROCIEWITZ U P, SCHWARTZ J. Self-field quench behaviour of YBa$_2$Cu$_3$O$_7$−δ coated conductors with different stabilizers［J］. Superconductor Science and Technology, 2009, 22:085005.

［9］XIE L, LING Y Q, ZHENG X J. Laboratory measurement of saltating sand particles' angular velocities and simulation of its effect on saltation trajectory［J］. Journal of Geophysical Research, 2007, 112: 12116.

［10］新华社."天眼"工程里的中国制造［EB/OL］.(2016-09-26). https://www.gov.cn/ xinwen/2016 -09/26/content_5112097.htm.

［11］中国网直播."中国天眼"已向全球14个国家、27个科学项目开发［EB/OL］.(2022-06-06). https://baijiahao.baidu.com/s?id=1734868355272771340&wfr=spider&for=pc,2022,06.

［12］王省哲.计算力学［M］.兰州:兰州大学出版社,2009.

［13］杜凯.有限元分析50年发展之路［EB/OL］.(2021-08-16). https://www.fangzhenxiu. com/ post/2127741.

［14］李庆扬,王能超,易大义.数值分析［M］.武汉:华中理工大学出版社,1986.

［15］张志涌,杨祖樱.MATLAB教程［M］.北京:北京航空航天大学出版社,2015.

［16］苏晓生.MATLAB 5.3实例教程［M］.北京:中国电力出版社,2000.